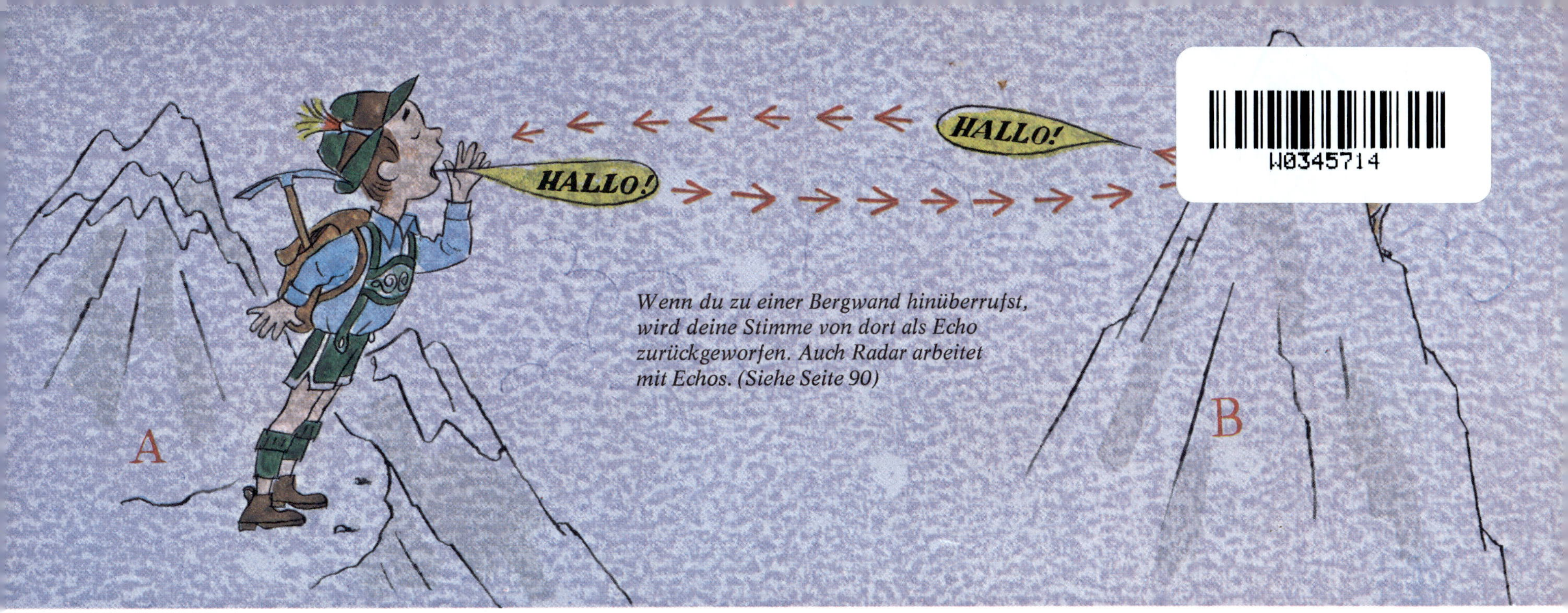
HALLO!
HALLO!
Wenn du zu einer Bergwand hinüberrufst, wird deine Stimme von dort als Echo zurückgeworfen. Auch Radar arbeitet mit Echos. (Siehe Seite 90)
A
B

Nimm eine leere Flasche und blase über die Öffnung. Die Luft in der Flasche schwingt und tönt. (Siehe Seite 70)
Wenn du zwischen den Daumen ein Gras spannst und hindurchbläst, so tönt es auf ähnliche Weise wie eine Klarinette. (Siehe Seite 71)

Wirf einen Stein ins Wasser.
PLOP
In immer größer werdenden Kreisen laufen Wellen nach allen Richtungen. So breiten sich auch die Wellen eines Rundfunksenders aus. (Siehe Seite 74)

In gleicher Ausstattung sind erschienen:
Joe Kaufman, Mein erstes Buch vom Körper
Joe Kaufman, Mein erstes Buch von Himmel und Erde
Joe Kaufman, Mein erstes Buch von den Tieren

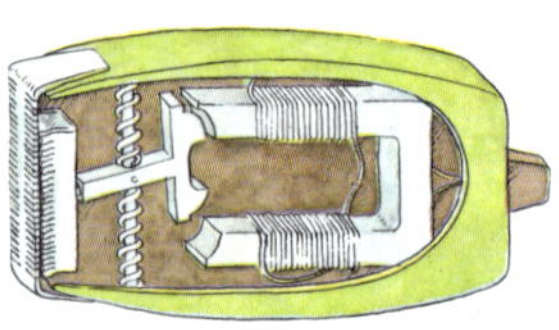
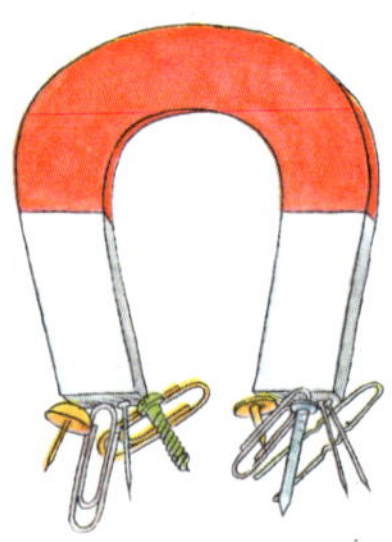
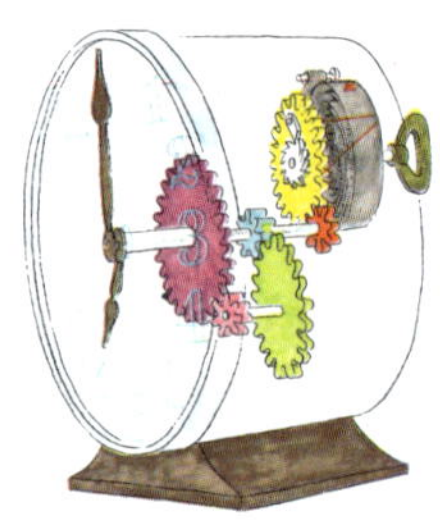

16 15 87 86
Titel der Originalausgabe:
What makes it go? What makes it work?
What makes it fly? What makes it float?
Texte und Illustrationen von Joe Kaufman. – Aus dem Amerikanischen übersetzt und bearbeitet von Frank Soecknick. – Umschlaggestaltung: Graphisches Atelier Otto Maier Verlag. –
Printed in Italy
ISBN 3-473-35519-4

Mein erstes Technikbuch

Joe Kaufman

Von Autos,
Schiffen, Flugzeugen
und von vielen
Maschinen,
die uns umgeben

Otto Maier Verlag
Ravensburg

Vorwort an die Eltern: Dieses Buch soll es Kindern erleichtern, die Technik, mit der sie im täglichen Leben konfrontiert werden, zu verstehen. An Hand von Geräten, die uns täglich umgeben, wird versucht, dem Kind erste Grundbegriffe der Technik nahezubringen. So bemüht sich das Buch, auf die häufige Frage von Kindern: „Wie geht denn das?" eine verständliche und dennoch umfassende Antwort zu geben. Da es hauptsächlich für sechs- bis zehnjährige Jungen und Mädchen geschrieben wurde, wird bei manchen Erklärungen noch zusätzlich die Hilfestellung der Eltern nötig sein. Gleichzeitig sollten die Eltern ihre Kinder dazu anregen, die gegebenen Erklärungen an Hand der Alltagsgegenstände – der Haushaltsgeräte, des Autos usw. – anschaulich nachzuvollziehen. Sicher werden auch ältere Kinder und vielleicht sogar Erwachsene mit diesem Buch viel Spaß haben und einiges lernen können. Wenn Eltern zusammen mit den Kindern das Buch lesen, so werden sie bestimmt viel Freude daran haben, Grundlagen der Technik gemeinsam zu erarbeiten und sich zu veranschaulichen!

Inhalt

7 Urmensch und „Technik"
8 Dreirad
9 Fahrrad
9 Motorrad
10 Die ersten Autos
12 Auto
14 Bremsen
14 Getriebe
15 Scheibenwischer
15 Lenkung
16 Die ersten Eisenbahnen
18 Dampflokomotive
18 Diesellokomotive
19 Elektrische Lokomotive
20 Boote und Schiffe
22 Ozeandampfer
24 Segelboot
25 Unterseeboot
26 Die ersten Flugzeuge
28 Düsenflugzeug
30 Querruder
30 Seitenruder
30 Höhenruder
31 Hubschrauber
32 Saturn-Rakete
33 Apollo-Raumschiff
34 Mondlandefähre
35 Raumanzug
36 Magnet
36 Elektromagnet
37 Elektromotor
38 Elektrischer Rasierapparat
39 Elektrische Zahnbürste
39 Düsen-Zahnspüler
40 Nähmaschine
42 Waschmaschine
43 Wäschetrockner
45 Staubsauger
46 Aufzug
47 Rolltreppe
48 Ventilator
49 Klimaanlage
50 Kühlschrank
51 Kunsteisbahn
52 Bügeleisen
53 Toaster
54 Gasherd
55 Elektroherd
56 Glühbirne
58 Einfaches Türschloß
58 Zylinderschloß
58 Banktresor
59 Hammer
59 Säge
59 Bohrer
59 Hobel
60 Schreibmaschine
61 Füllfederhalter
61 Kugelschreiber
62 Uhr
64 Wasserhahn
65 Toilette
66 Waage
67 Fieberthermometer
67 Stethoskop
68 Saiteninstrumente
68 Klavier
69 Geige
69 Harfe
70 Blasinstrumente
70 Tuba
71 Klarinette
71 Mundharmonika
72 Telefon
74 Rundfunk
75 Radiogerät
76 Schallplatte
77 Plattenspieler
78 Tonbandgerät
80 Spiegel
81 Kaleidoskop
82 Linsen
82 Mikroskop
83 Fernrohr
84 Fotoapparat
85 Diaprojektor
86 Filmkamera
87 Filmprojektor
88 Fernsehkamera
89 Fernsehapparat
90 Radar
91 Satelliten
93 Zukunftsfantasie

1.

Für den Urmenschen vor vielen tausend Jahren war das Leben sehr mühsam. Er hatte nichts als seine Hände, um zu jagen, zu fischen oder eßbare Wurzeln auszugraben. Höhlen dienten ihm als Unterschlupf. Im Freien gab es für ihn kaum Schutz gegen Regen, Kälte und Stürme, und immer wieder mußte er sich gegen wilde Tiere wehren.

Daß der Mensch mit diesen Schwierigkeiten fertig wurde, verdankt er seinem Denkvermögen und seinen geschick-

2.

ten Händen, mit denen er brauchbare Dinge herstellen konnte. So begann er, Erfindungen zu machen, die sein Leben sicherer werden ließen. Aus zugeschärften Steinen fertigte er die ersten Werkzeuge für Jagd und Hausbau an. Er entdeckte, daß das Feuer ihn warm halten konnte, und lernte, wie man aus Fellen Kleider näht. Durch Zufall wird der Mensch eines Tages bemerkt haben, daß von einem Baumstamm geschnittene Scheiben gut rollen. »Was kann ich mit hölzernen Rädern anfangen?« fragte er sich. Bald kam er auf die Idee, einen Kasten zu bauen, an dem er Räder befestigte. So etwa entstand der erste Wagen. »Vielleicht gelingt es mir, ein Tier zu zähmen, das diesen Wagen zieht!« sagte er sich. Es zeigte sich, daß das Pferd am besten dafür geeignet war.

Natürlich hat nicht einer allein alle diese Einfälle gehabt. Es hat lange gedauert, bis die Erfindungen vieler Menschen zusammenkamen und der erste Wagen gebaut wurde.

Die Menschen haben immer wieder neue Dinge erfunden,

3.

so daß es heute Schiffe, Züge, Autos und Flugzeuge und auch Herde, Klaviere und Telefone gibt. Selbst den Weltraum erforschen wir jetzt mit Hilfe von Raketen. Seit jenem ersten Rad ist der Mensch in der Technik weit vorangekommen.

Es vergeht kein Tag, an dem du nicht irgendwelche technischen Geräte gebrauchst, und oft wirst du wissen wollen, wie sie funktionieren. Dieses Buch soll dir mit seinen Erklärungen dabei helfen.

4.

Beim **Dreirad** sind an dem großen Vorderrad zwei Pedale (Tretkurbeln) angebracht. Wenn du auf die Pedale trittst, dreht sich das vordere Rad, und das Dreirad fährt. Die beiden kleinen Hinterräder drehen sich mit und verhindern, daß das Dreirad umkippt. Mit dem Lenker kann man das Vorderrad in die gewünschte Richtung steuern. Um rückwärts zu fahren, brauchst du nur rückwärts zu treten. Wenn du die Pedale anhältst, kommt das Dreirad zum Stehen. Man benötigt deshalb keine Bremse.

Auf dem **Fahrrad** muß man erst lernen, das Gleichgewicht zu halten, weil es nur zwei Räder hat. Die Pedale drehen nicht das Vorderrad, sondern das Hinterrad. Sie sind deshalb an einem großen Kettenrad (ein Rad mit Zähnen) angebracht. Eine Kette läuft über dieses Zahnrad, und über ein kleineres Kettenrad, das auf der Hinterachse befestigt ist. Die Zähne dieser Zahnräder passen genau in die Kettenglieder. Wenn du die Pedale trittst, zieht das große Kettenrad die Kette weiter, und diese zieht dann auch das kleine Kettenrad rundherum. Dadurch dreht sich das Hinterrad und bewegt das Fahrrad vorwärts.

Manche Fahrräder haben mehrere Gänge, zum Beispiel einen für das Bergauffahren und einen für die Fahrt auf ebener Strecke. Das Mittelteil des Hinterrades — die Nabe — ist dann besonders dick, weil in ihr noch weitere Zahnrädchen untergebracht sind. Je schneller dich der eingeschaltete Gang voranbringt, desto schwerer lassen sich die Pedale treten.

Ein **Motorrad** funktioniert ähnlich wie ein Fahrrad, nur wird es nicht durch Muskelkraft, sondern durch einen kleinen Motor (wie ein Auto) fortbewegt. Dieser treibt das Hinterrad an, entweder über eine Kette (wie beim Fahrrad) oder über eine Kardanwelle (wie beim Auto). Mit dem Lenker steuert man das Motorrad. Der rechte Handgriff ist drehbar. Mit ihm wird der Benzinzufluß zum Motor und damit die Geschwindigkeit geregelt.

Zum Verlangsamen der Fahrt und zum Anhalten dienen zwei Bremsen. Mit der Handbremse am Lenker bremst man das Vorderrad und mit dem Fußbremshebel das Hinterrad. Die Bremsen selbst sind in den trommelförmigen Naben der Räder eingebaut — man nennt sie Trommelbremsen. Wie die Bremsen und die Einrichtung für die verschiedenen Gänge — das Getriebe — funktionieren, kannst du auf Seite 14 bei der Beschreibung des Autos nachlesen.

Weil ein Motorrad schneller fährt als ein Fahrrad, müssen seine Räder die Stöße der Straßenunebenheiten weich auffangen können. Die Räder sind deshalb so befestigt, daß sie sich federnd auf und ab bewegen. Dafür sind starke Stahlfedern eingebaut.

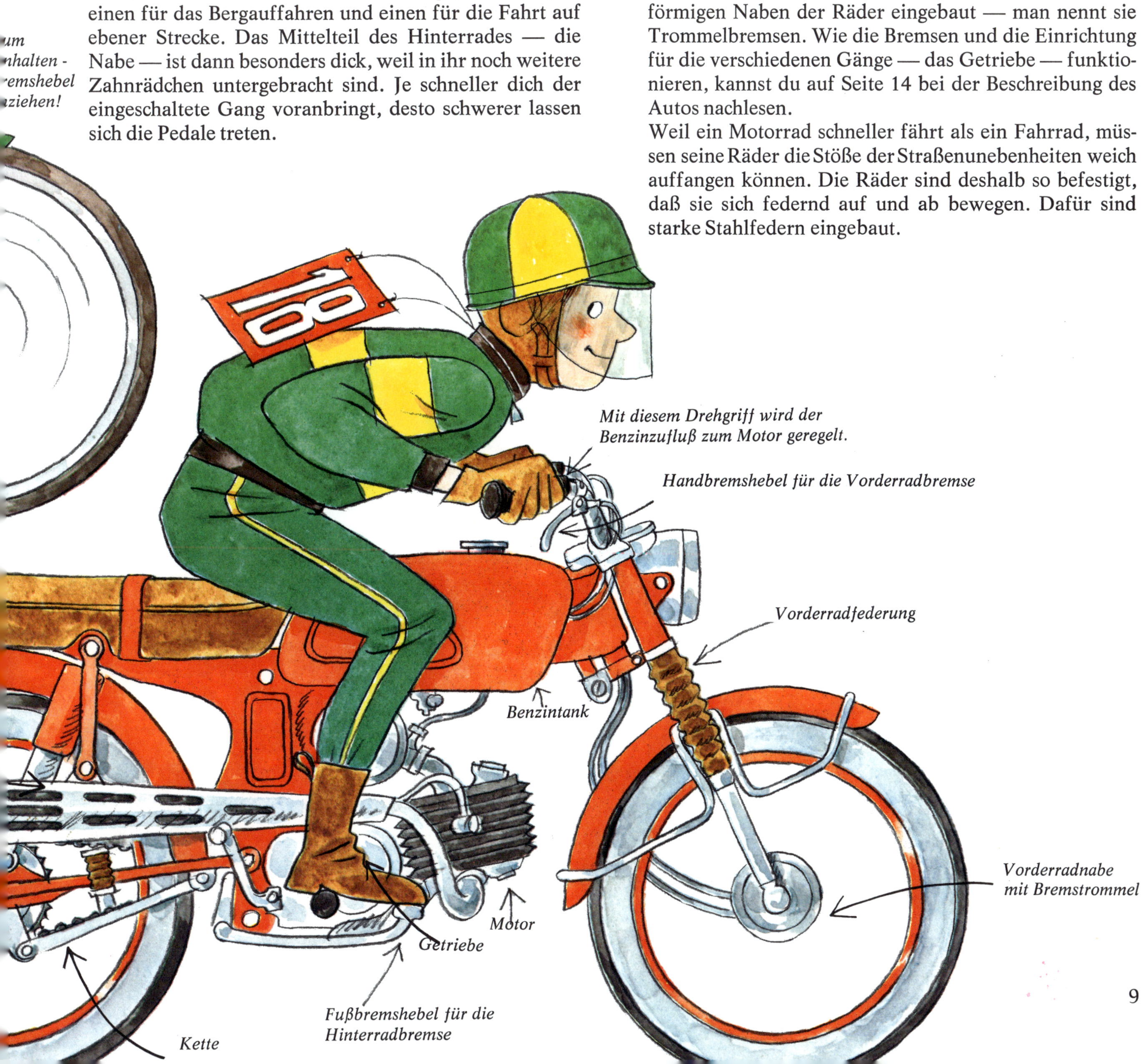

Die ersten **Autos** sahen den Pferdewagen noch sehr ähnlich.

Autos fuhren nicht immer mit Benzin. Diese drei erhielten ihre Antriebskraft aus Batterien.

Bald setzte sich Benzin als Treibstoff durch. Hier siehst du einige frühe Benzinautos.

An manchen frühen Automodellen war sogar ein künstlicher Pferdekopf befestigt.

Diese drei wurden von kleinen Dampfmaschinen angetrieben, wie Lokomotiven.

Man überlegt heute, ob man zum elektrischen Antrieb zurückkehren soll, weil er sauberer ist.

Autos sind komplizierte Maschinen, aber ihre Bedienung ist so vereinfacht worden, daß fast jeder damit umgehen kann. Da ein Automotor nicht von selbst anspringen kann, mußte man ihn früher mit einer Handkurbel ankurbeln. Heute schaltet der Fahrer mit dem Zündschlüssel einen elektrischen Anlassermotor ein, der den Benzinmotor zum Laufen bringt. So kommt alles in Gang, wie es unsere Zeichnung eines Fantasie-Autos zeigt. Die meisten Autos haben vier Zylinder, manche haben sechs oder gar acht. Ein Einzylindermotor würde genauso schwerfällig arbeiten, wie wenn du versuchst, ein Dreirad mit nur *einer* Tretkurbel zu fahren. In einem Mehrzylindermotor wird in den Zylindern nacheinander gezündet, so daß immer ein Zylinder Arbeit leistet, während in den anderen die nächste Zündung vorbereitet wird.

2. Die Benzinpumpe pumpt das Benzin vom Tank zum Vergaser.

3. Im Vergaser wird das Benzin zerstäubt und mit Luft gemischt. Dieses leicht brennbare Gemisch strömt zum Zylinder.

4. Im Zylinder explodiert das Gemisch — wie Pulver in einer Kanone. Der Druck stößt den Kolben nach unten.

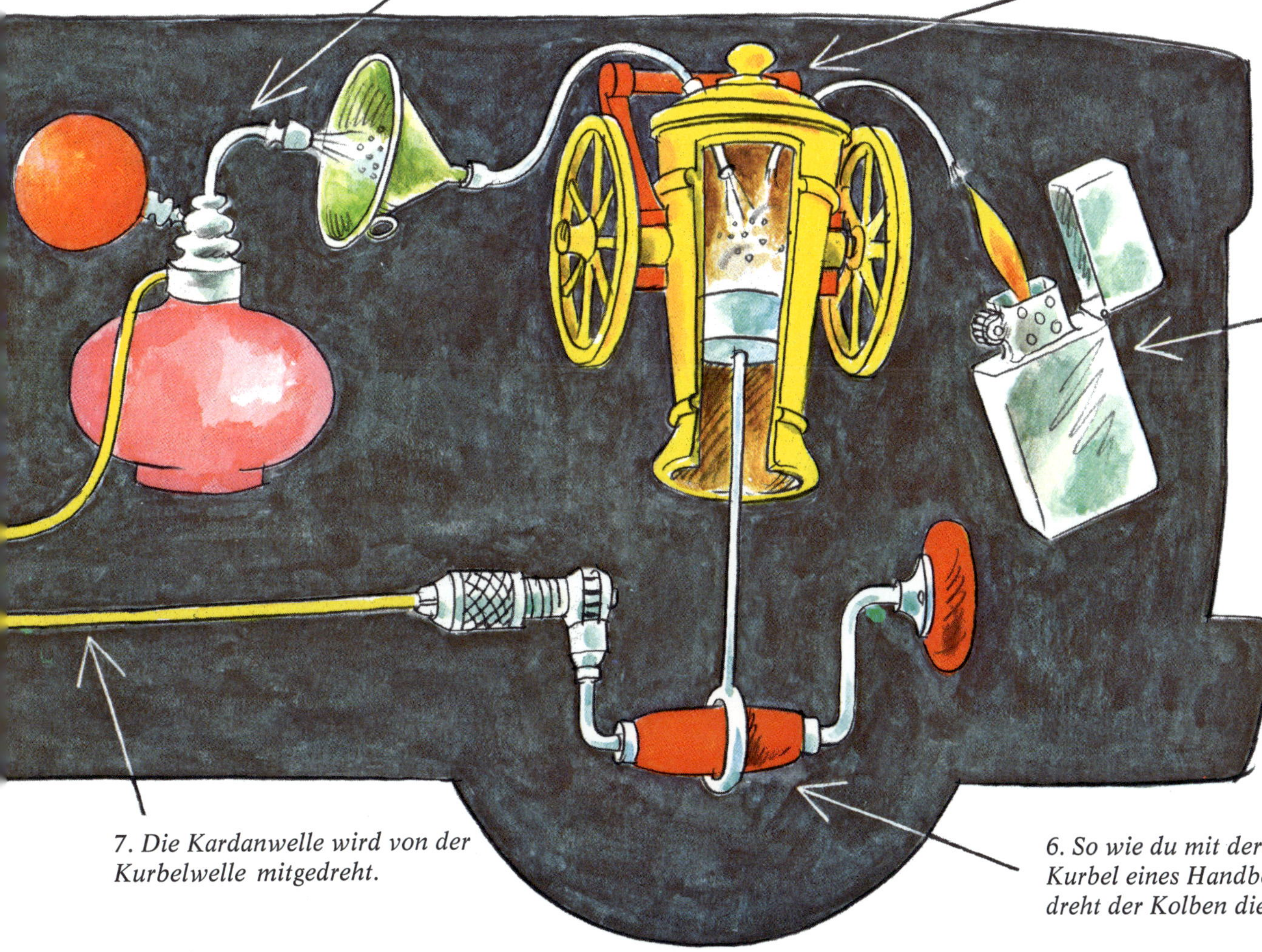

5. Wie ein Feuerzeug entzündet die Zündkerze das Benzin-Luft-Gemisch im Zylinder.

7. Die Kardanwelle wird von der Kurbelwelle mitgedreht.

6. So wie du mit der Hand die Kurbel eines Handbohrers drehst, dreht der Kolben die Kurbelwelle.

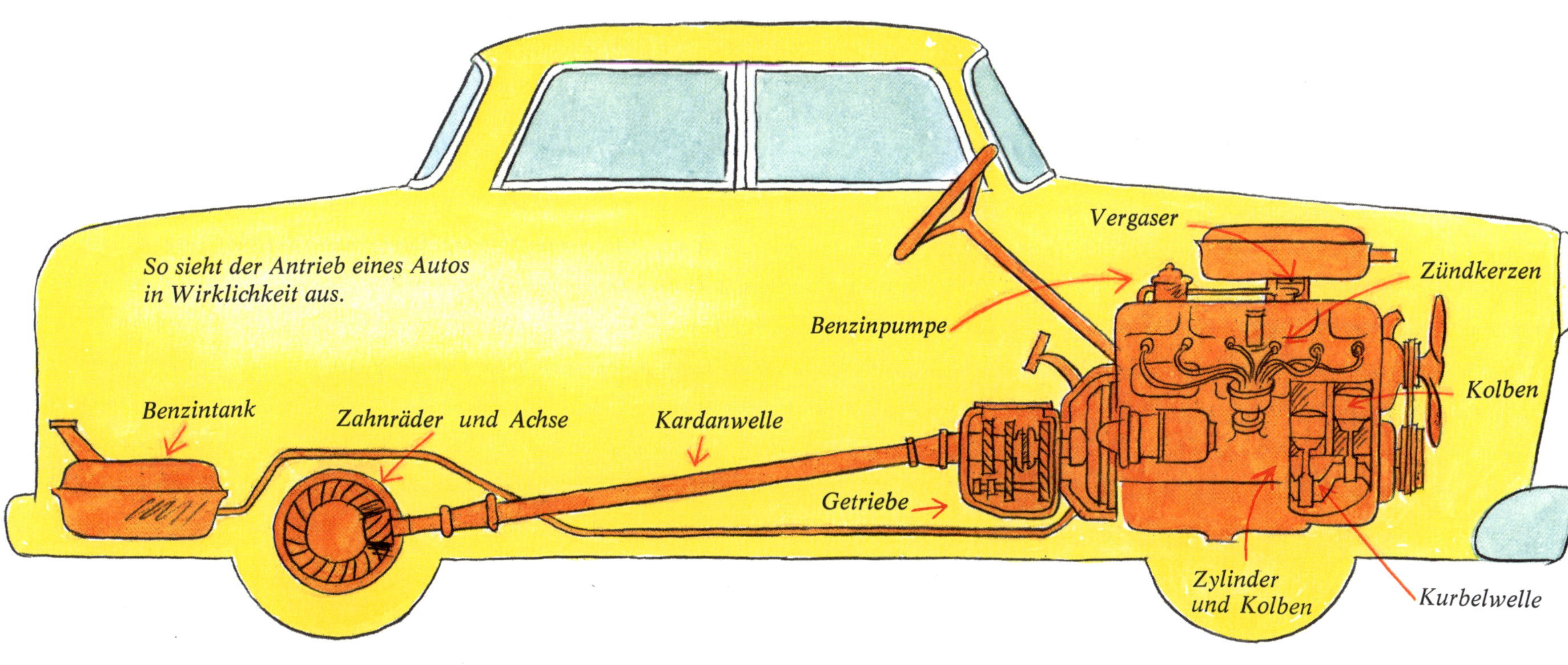

So sieht der Antrieb eines Autos in Wirklichkeit aus.

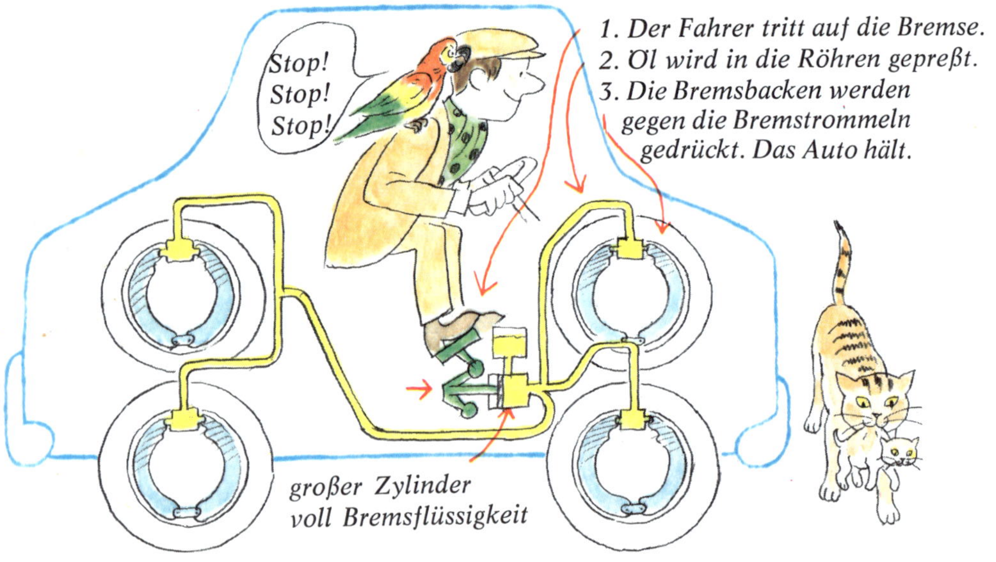

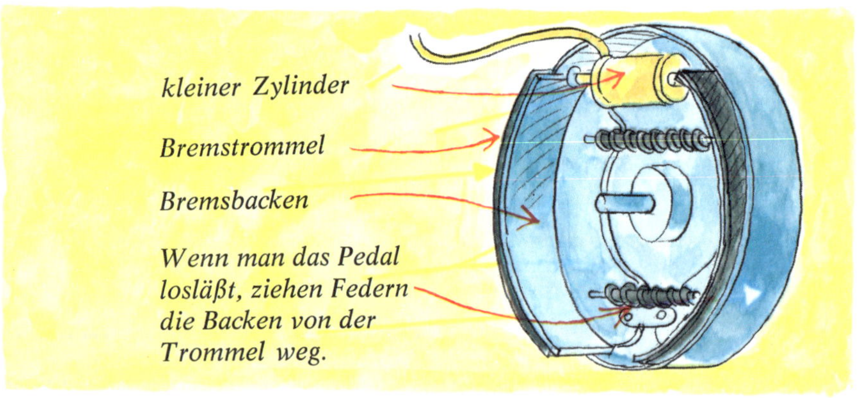

Bremsen. Willst du einen Go-Kart zum Halten bringen, so drückst du mit einem Hebel Bremsklötze an die Hinterräder. Die Klötze reiben so stark an den Rädern, daß sie schließlich anhalten. Autos werden an allen vier Rädern gebremst, und der Fahrer muß alle vier Bremsen zugleich andrücken können. Dazu braucht er nur auf *ein* Bremspedal zu drücken, und die Bremskraft wird durch eine Flüssigkeit an alle vier Räder weitergeleitet. Das geschieht so:

Die Bremsanlage besteht aus Zylindern, die durch Rohrleitungen miteinander verbunden sind; die Anlage ist mit Bremsflüssigkeit (einer Art Öl) gefüllt. Tritt der Fahrer auf das Bremspedal, so drückt er damit einen Kolben in einen großen Zylinder. Von dort wird die Bremsflüssigkeit durch die Röhren weitergedrückt bis hin zu vier kleinen Zylindern in den Bremsen. In ihnen sitzt links und rechts ein Kolben. Die Flüssigkeit dringt zwischen die Kolben und preßt sie auseinander. Die Kolben drücken Bremsbacken gegen die Bremstrommeln, die sich innen in den Rädern mitdrehen. Die Backen reiben an den Trommeln, so daß die Räder zum Stehen kommen.

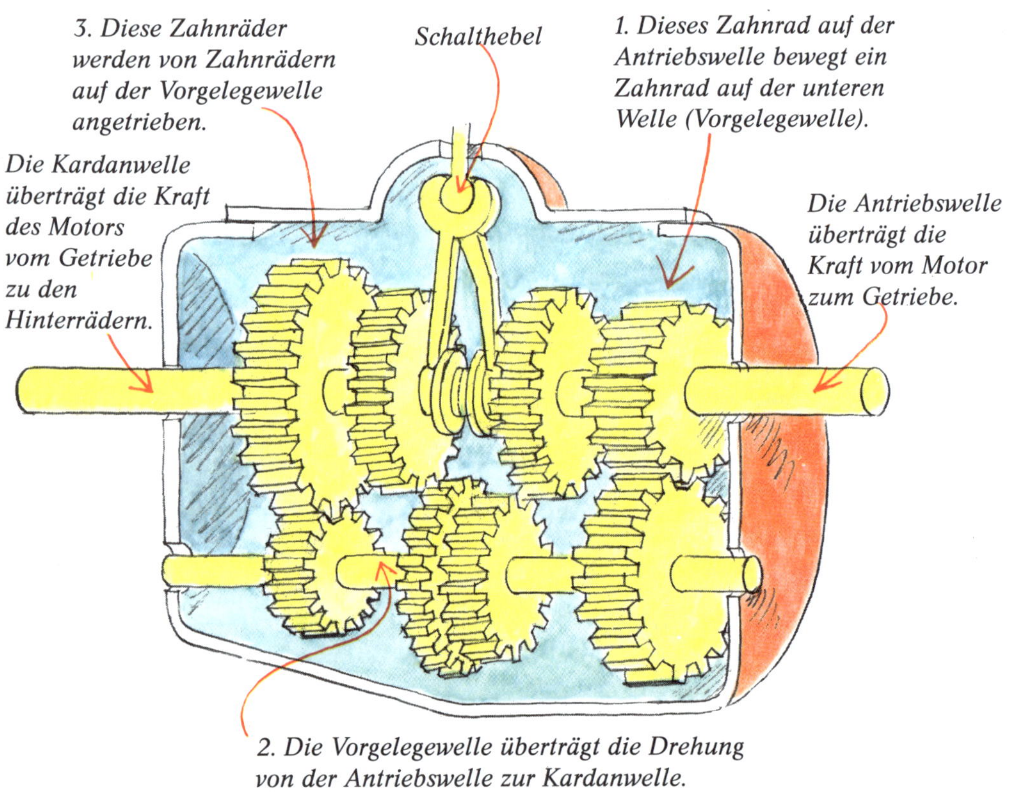

Im **Getriebe** laufen verschieden große Zahnräder. Zwei Zahnräder sitzen auf der Antriebswelle; sie wird vom Motor gedreht. Zwei Zahnräder sitzen auf der Kardanwelle; damit werden die Hinterräder angetrieben. Unter diesen Zahnrädern sitzen auf der Vorgelegewelle noch einmal vier Zahnräder.

Wenn der Fahrer einen Gang einlegt, greifen Zahnräder von oben und unten ineinander. Dadurch wird die Kraft vom Motor über Antriebswelle, Vorgelegewelle und Kardanwelle zu den Hinterrädern geleitet. Im Leerlauf, also wenn kein Gang eingelegt ist, dreht sich nur die Antriebswelle.

Bevor der Fahrer einen Gang „einschaltet“, tritt er das Kupplungspedal; damit trennt er Motor und Getriebe. Nun bewegt er den Schalthebel und verbindet dadurch bestimmte Zahnradpaare im Getriebe. Dann läßt er das Kupplungspedal wieder los: Jetzt überträgt die Zahnradverbindung im Getriebe die Kraft vom Motor zu den Rädern.

Die **Scheibenwischer** wurden erfunden, damit der Fahrer gut sehen kann, auch wenn es regnet oder schneit. Hätte er keine Scheibenwischer, dann müßte er immer wieder anhalten und seine Scheibe putzen. Das Wischen besorgen jetzt zwei dünne Metallarme, die über die Windschutzscheibe streichen. An ihnen sitzt ein weiches Gummiblatt, das Regen oder Schnee von der Scheibe wischt. — Wie funktioniert das? Ein kleiner Elektromotor unter der Windschutzscheibe ist an die Autobatterie angeschlossen. Er dreht ein Rad, auf dem am Rand ein kleiner Zapfen sitzt. Zwei dünne Stangen sind an dem einen Ende mit diesem Zapfen verbunden und an dem anderen mit den Armen der Scheibenwischer. Wenn sich nun das Rad dreht, so dreht sich der Zapfen immer von der einen Seite zur anderen im Kreise. Dadurch bewegen sich auch die beiden Stangen von einer Seite zur anderen und schieben zugleich die Scheibenwischer hin und her.

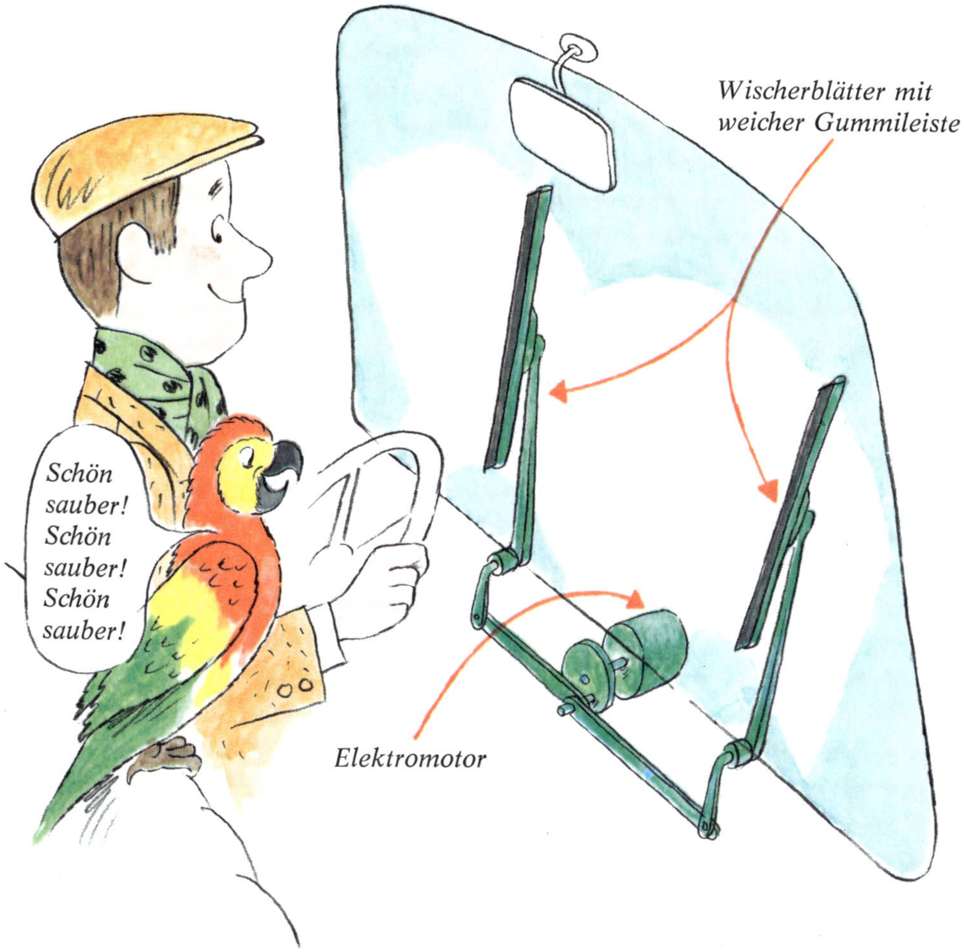

Mit der **Lenkung** steuert der Fahrer das Auto. Das Steuerrad sitzt auf einer Lenksäule, an deren unterem Ende ein Zahnrad angebracht ist. An den beiden Vorderrädern sind Lenkhebel befestigt. Diese sind durch eine Stange verbunden, auf der in der Mitte Zähne sitzen. Das Zahnrad an der Lenksäule greift in die Zähne auf der Stange. Durch diese Verbindung überträgt sich jede Drehung des Lenkrads auf die Räder.
Dreht der Fahrer das Steuerrad nach rechts, so dreht sich auch das kleine Zahnrad nach rechts und schiebt mit seinen Zähnen die Stange nach links. Die Stange schwenkt den linken Lenkhebel nach außen und zieht den rechten herein. Beide Vorderräder sind nun nicht mehr geradeaus, sondern nach rechts gerichtet. Das Auto fährt eine Rechtskurve.

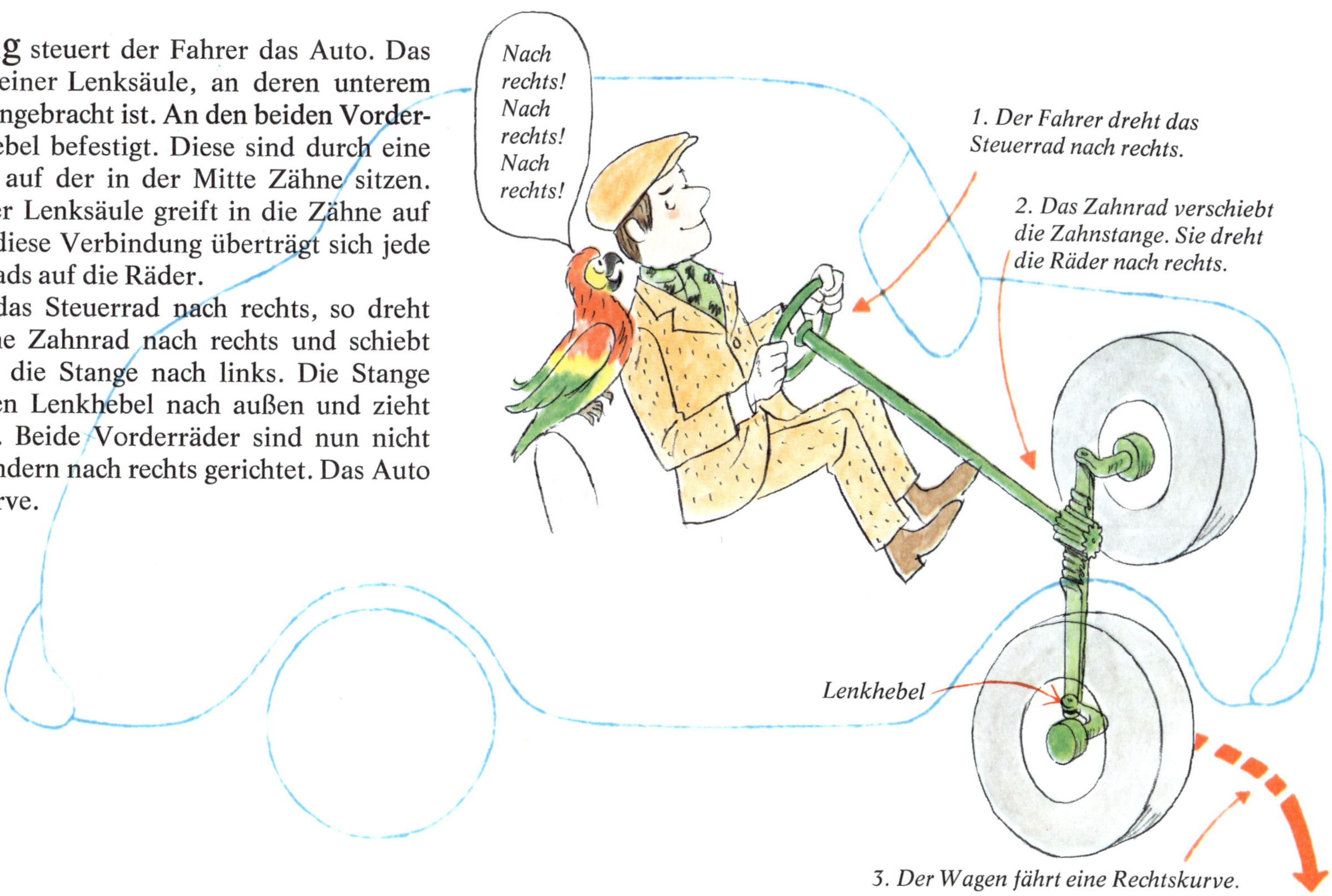

Die **Dampflokomotiven** waren den Pferdebahnen und anderen Schienenfahrzeugen bald überlegen.

Die Lokomotiven wurden immer weiter verbessert. Um längere Strecken zurücklegen zu können, mußte man größere und schwerer

Für die großen Bahnstrecken, quer durch ganze Länder, brauchte man noch stärkere und schnellere Lokomotiven.

Zu Beginn sahen sie zwar merkwürdig aus, aber sie fuhren und zogen sogar einige Wagen.

Kessel verwenden. Für dieses Gewicht waren auch mehr Räder nötig.

Schon 1893 erreichte die »Old 999« eine Geschwindigkeit von 180 Stundenkilometern.

Bei einer **Dampflokomotive** schiebt Wasserdampf einen Kolben hin und her. Der Kolben treibt die Räder an. Ein besonderes Ventil, ein sogenannter Schieber, steuert die Bewegung des Kolbens. Auf unserem Bild strömt der Dampf durch das Loch bei »A« in den Zylinder und drückt den Kolben nach hinten. Der Schieber gleitet ebenfalls zurück. Dadurch wird das Loch »A« verschlossen und »B« geöffnet, so daß nun der Dampf bei »B« einströmt und den Kolben wieder nach vorne drückt. Dann schließt sich »B«, und von neuem strömt der Dampf durch »A« ein.

Eine **Diesellokomotive** hat einen Motor, der fast wie der Automotor arbeitet (Seite 12). Nur braucht ein Dieselmotor keine Zündkerzen, um den Brennstoff in den Zylindern zu entzünden. Bewegen sich die Kolben in einem Dieselmotor nach oben, so pressen sie die Luft im Zylinder stark zusammen. Dadurch erhitzt sich die Luft sehr stark. Wenn man Gase, wie zum Beispiel Luft, zusammendrückt, werden sie heiß. Nun wird Dieselöl in die Zylinder gespritzt. In der heißen Luft fängt es sofort an zu brennen. Druck und Hitze nehmen jetzt noch zu. Der hohe Druck preßt die Kolben nach unten. Sie drehen die Kurbelwelle, die über ein Getriebe die Räder antreibt. Bei der Lokomotive auf unserem Bild treibt der Dieselmotor einen Generator an. Ein Generator arbeitet wie ein Dynamo beim Fahrrad. Wird der Dynamo vom Rad gedreht, so erzeugt er Strom, und deine Fahrradlampe leuchtet. Der Generator in der Lokomotive erzeugt Strom für die Elektromotoren, die die Räder antreiben. Eine solche diesel-elektrische Lokomotive braucht keine Stromzuleitung und kann doch die schnelle und gleichmäßige Beschleunigung von Elektromotoren ausnützen.

Die **elektrische Lokomotive** fährt mit Strom aus einer Oberleitung. Wegen der großen Länge dieser Leitungen verwendet man am besten Strom von sehr hoher Spannung. Für die Motoren der Lok ist diese Spannung aber zu hoch und muß durch einen eingebauten, großen Transformator verringert werden. Kleine Transformatoren kennst du vielleicht von elektrischen Modelleisenbahnen. Man benützt sie dort, um die Spannung des Leitungsstroms von 220 Volt in wenige Volt umzuformen. – Ein Vorzug der Elektrolokomotiven ist, daß Sie rasch und gleichmäßig anfahren können.

Die ersten **Boote**, die der Mensch baute, waren klein. Er verwendete dazu Baumstämme, Rindenstücke oder Häute.

Der Mensch lernte, Segel zu verwenden. So kam er noch schneller und weiter voran.

Als zusätzlicher Antrieb wurden Dampfmaschinen eingebaut. Schließlich waren keine Segel mehr nötig.

Weite Reisen wurden erst durch größere Boote mit vielen Ruderern möglich.

Größere **Schiffe,** mit mehr und mehr Segeln, brauchten keine Ruderer mehr.

Die Maschinenkraft reichte aus, um jeden Hafen der Erde zu erreichen.

Ein **Ozeandampfer** ist eine schwimmende Stadt. Die ganz großen haben Platz für mehr als 2000 Passagiere und 1000 Mann Besatzung. Es gibt Kabinen, Kinos, eine Wäscherei, einen Friseur und Geschäfte, Spielzimmer und sogar ein kleines Krankenhaus. Das Schiff versorgt sich selbst mit Strom und Heizung. Es führt soviel Treibstoff und Nahrungsmittel mit, daß es viele Tage unterwegs sein kann, ohne einen Hafen anzulaufen. Ein solches Schiff wiegt Tausende von Tonnen. Wie kann es trotzdem schwimmen?

Nimm einen Kochtopf mit in die Badewanne. Obwohl er aus schwerem Metall besteht, wird er nicht untergehen, denn er ist leichter als Wasser. Aber was heißt »leichter als Wasser«?

Der Topf wiegt weniger als eine *gleich große* Wassermenge. Das kannst du selbst ausprobieren. Du stellst einen randvollen Eimer in eine große Schüssel. Dann drückst du den Topf bis zum Rand ins Wasser. Der Eimer läuft über, denn der Topf verdrängt das Wasser. Die Schüssel enthält jetzt eine Wassermenge, die gleich groß ist wie der Topf. Du kannst nun ihr Gewicht mit dem des leeren Topfes vergleichen.

Man sagt, daß ein Gegenstand schwimmt, wenn er leichter ist als die Wassermenge, die er verdrängt. Der Schiffskonstrukteur berechnet, wieviel Wasser der Schiffsrumpf verdrängen kann. Das Schiff wird so gebaut, daß es auch voll beladen leichter ist als diese Wassermenge. Solange kein Wasser eindringen und das Schiff schwerer machen kann, schwimmt es.

Viele moderne Dampfer werden von Dampfturbinen angetrieben. In der Turbine laufen Schaufelräder, die ähnlich aussehen wie Ventilatoren. Der Dampf bewegt die Schaufelräder. Sie drehen eine Achse, an deren Ende die Schiffsschraube sitzt. Die Flügel der herumwirbelnden Schraube drücken das Wasser nach hinten weg. Dadurch wird das Schiff vorwärts geschoben.

Segeln in Windrichtung heißt »vor dem Wind segeln«.

Gegen den Wind segelt man im Zickzack; man nennt dies »kreuzen«.

Segeln quer zur Windrichtung nennt man »am Wind segeln«.

Ein **Segelboot** nützt als Antriebskraft den Wind aus. Ein guter Segler segelt wohin er will, ganz gleich, ob der Wind von vorne, hinten oder von der Seite bläst. Kommt der Wind von hinten, ist das Segeln einfach. Er füllt die Segel und schiebt das Boot vorwärts. Kommt der Wind von der Seite, so stellt man das Segel so, daß der Wind schräg hineinbläst. Dann drückt ein Teil der Windkraft das Boot nach vorn. Bläst der Wind von vorne, so segelt man im Zickzack, das heißt so, daß der Wind abwechselnd von der linken und dann wieder von der rechten Seite auf das Segel trifft. Dies nennt der Segler »kreuzen«.

Ein Segelboot steuert man mit der Pinne. Die Pinne ist ein langer Holzstab, mit dem der Steuermann das Ruder nach links oder rechts schwenken kann. Steht es schräg zur Fahrtrichtung, dann drückt das Wasser, das am Boot vorbeiströmt, auf das Steuerruder, und das Boot dreht sich in eine andere Richtung.

Ein **Unterseeboot** ist ein Schiff, das sich völlig wasserdicht abschließen läßt. Deshalb kann es auch unter Wasser tauchen, ohne daß Wasser eindringt. Wenn es aufgetaucht fährt, benützt man Dieselmotoren als Antrieb. Da Dieselmotoren aber viel Luft brauchen, sind sie unter Wasser nicht verwendbar. Deshalb wird das U-Boot unter Wasser von Elektromotoren angetrieben. Bei manchen U-Booten liefern Atomreaktoren die Antriebskraft. Sie verbrauchen keine Luft und können deshalb über und unter Wasser benützt werden.

In einem U-Boot sind große luftgefüllte Behälter, die sogenannten Ballasttanks, eingebaut. Soll das Boot tauchen, dann werden Ventile geöffnet, so daß die Luft entweicht und gleichzeitig Wasser einströmt. Wenn die Tanks voll sind, ist das U-Boot etwas schwerer als Wasser, und es gleitet unter die Oberfläche. Mit einem besonderen Steuerruder, dem Tiefenruder, kann man nun das Boot nach oben oder unten steuern. Will man wieder auftauchen, lenkt der Steuermann das U-Boot dicht unter die Wasseroberfläche. Dann wird das Wasser aus den Ballasttanks herausgedrückt. Dadurch wird das Boot leichter und taucht auf.

Die Menschen wollten fliegen können und träumten von Vogelmaschinen und seltsamen Luftkutschen.

Dann wurden die ersten **Gleiter** gebaut, die nur von der Luftströmung getragen wurden.

Zuerst waren nur kurze Flüge möglich, aber man baute immer bessere Flugzeuge. Die Atlantiküberquerung gelang.

Ballone voll Heißluft flogen zum ersten Mal wirklich und später **Luftschiffe.**

Als man Motoren und Propeller einbaute, entstanden die ersten richtigen **Flugzeuge.**

Der **Hubschrauber** wurde erfunden. Man konstruierte Flugzeuge mit vielen Motoren und großer Reichweite.

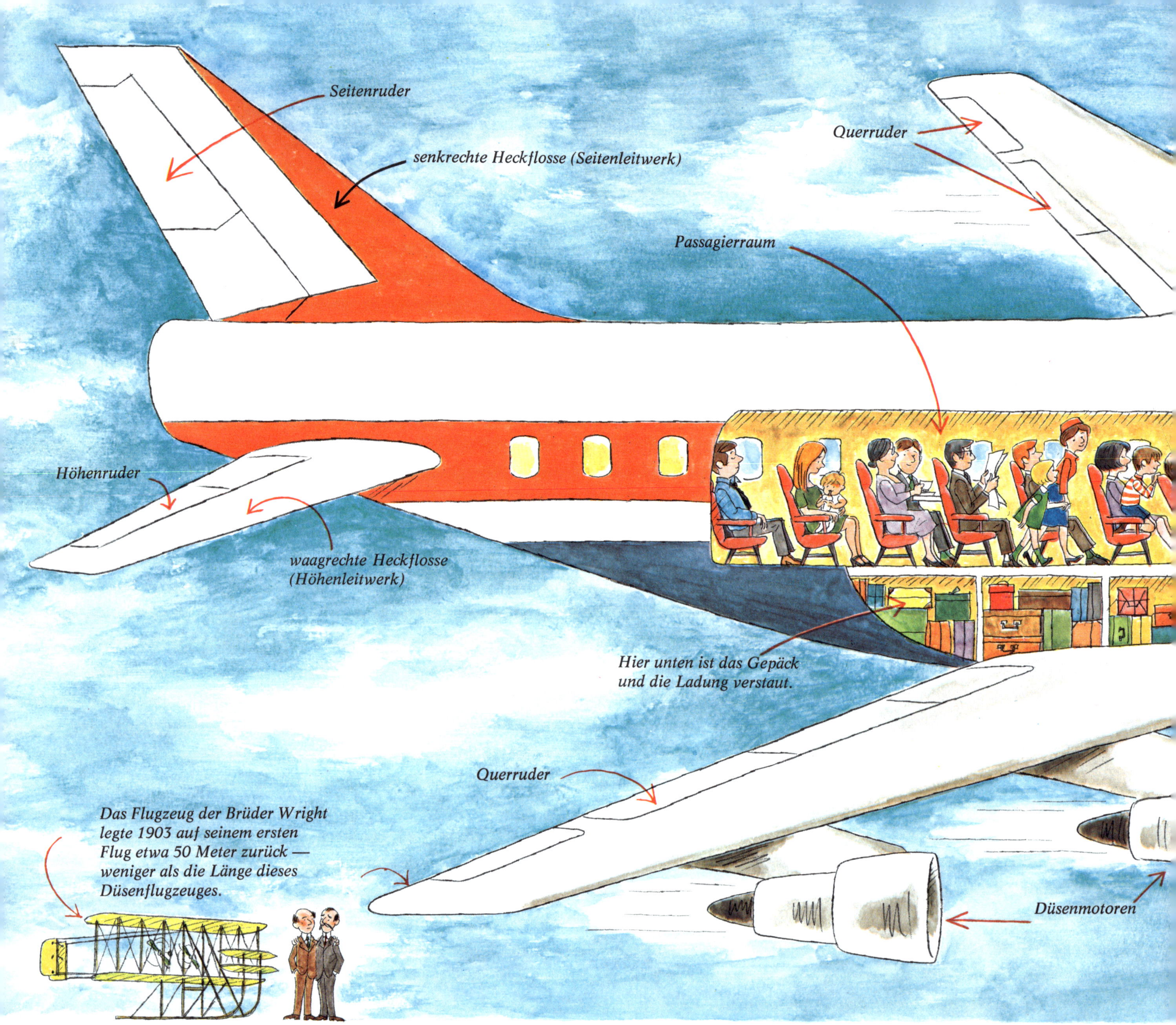

Das Flugzeug der Brüder Wright legte 1903 auf seinem ersten Flug etwa 50 Meter zurück — weniger als die Länge dieses Düsenflugzeuges.

Zwei Kräfte bewirken, daß das Flugzeug fliegt: Druck und Sog bilden den Auftrieb, *er trägt das Flugzeug. Die Kraft der Motoren schafft den* Vortrieb, *er schiebt das Flugzeug vorwärts.*

Das **Düsenflugzeug** ist unser schnellstes Verkehrsmittel. Ein großes Düsenflugzeug kann etwa 450 Passagiere mit ihrem Gepäck und 15 Mann Besatzung befördern. An Bord sind eine Küche, ein oder zwei Kinos, eine Bar und Laderäume. Den Antrieb liefern vier Düsenmotoren. Wie sie funktionieren, zeigt unser Bild.

Ein Düsenmotor wird auf gleiche Weise vorwärts getrieben wie ein aufgeblasener Ballon, den du losläßt. Beim Luftballon zischt die Luft durch das Mundstück heraus, und dadurch wird er nach vorne geschleudert.

Beim Düsenmotor schießt hinten ein heißer Strom von brennendem Gas und Luft heraus und schiebt das Flugzeug vorwärts.

Wie kann sich ein Flugzeug in der Luft halten? Dies bewirkt der Luftdruck. Um seine Kraft auszunützen, haben die Flügel eine besondere Form. Ihre Oberseite ist gekrümmt, während die Unterseite fast flach ist. Die Luft muß also auf der Oberseite einen weiteren Weg zurücklegen und strömt auch schneller als auf der Unterseite. Der Druck in schnell strömender Luft ist jedoch niedriger als in langsam strömender Luft. Über den Flügeln ist der Luftdruck deshalb geringer als unter den Flügeln. So entsteht über den Flügeln ein Sog, der das Flugzeug nach oben zieht, und unter den Flügeln ein Druck, der es hebt. Beide Kräfte zusammen bilden den Auftrieb.

Erst wenn die Flügel schnell genug durch die Luft schneiden, wird der Auftrieb so groß, daß sich ein Flugzeug in der Luft halten kann. Deshalb muß es auf der Startbahn erst die nötige Geschwindigkeit erreichen, bevor es abheben kann.

Denke an den Luftballon!
Du bläst ihn auf, läßt ihn los —
und er zischt davon wie ein Düsenflugzeug!

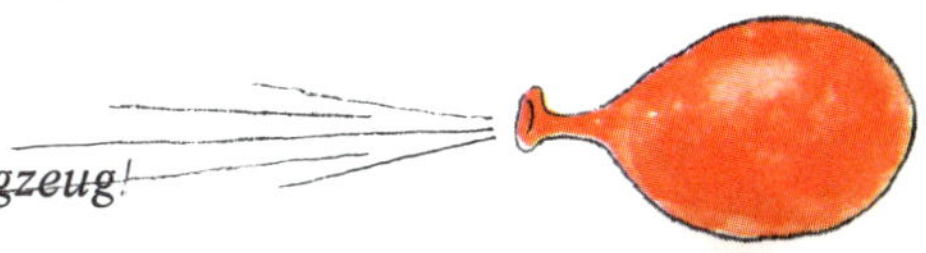

Die **Querruder** sind an der Flügelhinterkante eingebaut und lassen sich nach oben und unten schwenken. Sie dienen dazu, das Flugzeug zur Seite zu kippen. Soll es sich nach links neigen, so bewegt der Pilot den Steuerknüppel nach links. Dadurch wird das linke Querruder hochgestellt und das rechte nach unten geschwenkt. Die Luft prallt gegen die herausgeklappten Ruder und drückt dagegen. So wird der linke Flügel nach unten gedrückt und der rechte nach oben — das Flugzeug kippt nach links. Bewegt man den Steuerknüppel nach rechts, werden die Querruder in umgekehrter Richtung geschwenkt, und das Flugzeug kippt nach rechts. Man neigt das Flugzeug, um Kurven zu fliegen. Dazu braucht man zusätzlich das Seitenruder.

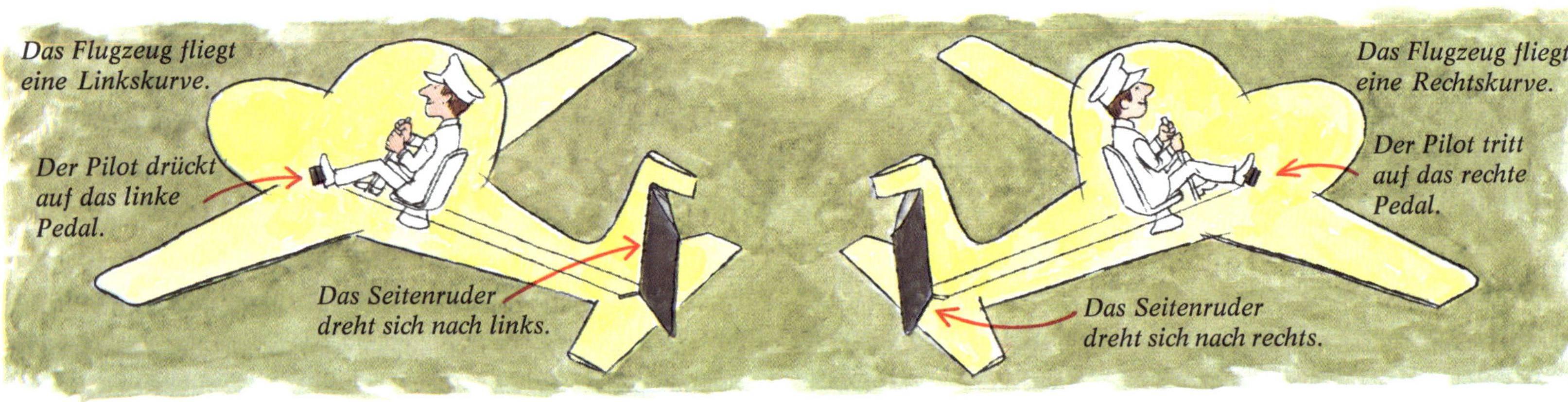

Das **Seitenruder** ist in der senkrechten Heckflosse eingebaut. Es läßt sich nach links und rechts schwenken. Der Pilot verwendet es zusammen mit den Querrudern, wenn er die Flugrichtung ändern will. Um eine Linkskurve zu fliegen, kippt er das Flugzeug nach links. Zugleich tritt er das linke Pedal und dreht damit das Seitenruder nach links gegen den Luftstrom. Der Luftstrom versucht das Ruder wieder in die alte Lage zu bringen und schiebt so das Flugzeugheck nach rechts. Dadurch dreht sich die Nase des Flugzeugs nach links, und es fliegt eine Linkskurve. Bei einer Rechtskurve neigt der Pilot das Flugzeug nach rechts und dreht das Seitenruder nach rechts.

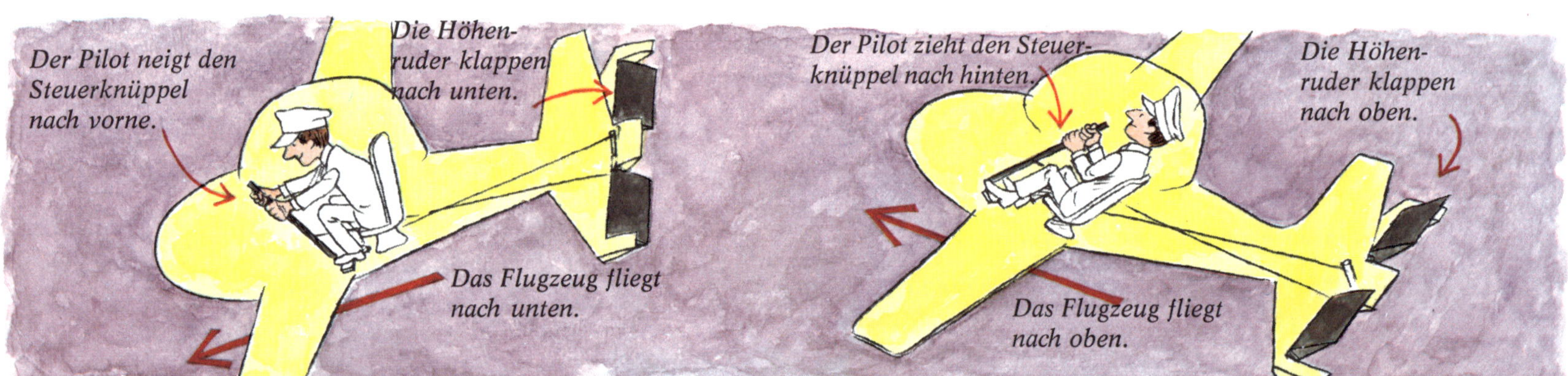

Das **Höhenruder** ist in der waagerechten Heckflosse eingebaut. Es besteht aus zwei Klappen, die sich nach oben und unten schwenken lassen. Mit ihnen kann der Pilot das Flugzeug steigen lassen oder nach unten steuern. Wenn er den Steuerknüppel nach vorne neigt, schwenkt er damit das Höhenruder nach unten. Die Luftströmung drückt von unten gegen das Ruder, schiebt das Heck nach oben und die Nase des Flugzeugs nach unten. Das Flugzeug fliegt abwärts. Soll das Flugzeug steigen, dann zieht der Pilot den Steuerknüppel zu sich her und dreht so das Höhenruder nach oben. Die Luft drückt von oben gegen das Ruder, schiebt das Heck nach unten und die Nase des Flugzeugs nach oben. Nun steigt das Flugzeug.

Ein **Hubschrauber** wird von einem oder zwei großen Propellern getragen. Weil sie rotieren (sich drehen), nennt man diese Propeller Rotoren oder Drehflügel. Hubschrauber benötigen keine Startbahn, denn sie brauchen sich nicht vorwärts zu bewegen, um Luft an den Flügeln vorbeiströmen zu lassen. Statt dessen wirbeln die Drehflügel im Kreise durch die Luft. Wie beim Flugzeug strömt die Luft über die gekrümmte Oberseite der Drehflügel schneller als an ihrer Unterseite. Dadurch entsteht auf der Unterseite ein höherer Luftdruck, der den Hubschrauber nach oben hebt.

Hubschrauber mit nur einem Rotor würden in der Luft anfangen, sich zu drehen. Sie haben deshalb hinten noch einen kleinen Propeller, der Luft zur Seite bläst. Große Hubschrauber haben zwei Rotoren, die in entgegengesetzter Richtung kreisen. Dadurch wird verhindert, daß sich der Hubschrauber in der Luft dreht. Ein Hubschrauber kann in jede Richtung fliegen — hinauf und hinunter, seitwärts, vorwärts und auch rückwärts. Um den Hubschrauber zu steuern, kann der Pilot die Flügel des Rotors nach oben und unten verdrehen. Er bedient dazu einen Steuerknüppel und Pedale.

Hubschrauber können senkrecht starten und landen und brauchen nur kleine Landeplätze.

Sie können sogar in der Luft stehenbleiben. So werden zum Beispiel Astronauten aus dem Meer geborgen.

Hubschrauber eignen sich auch sehr gut zur Beobachtung des Straßenverkehrs.

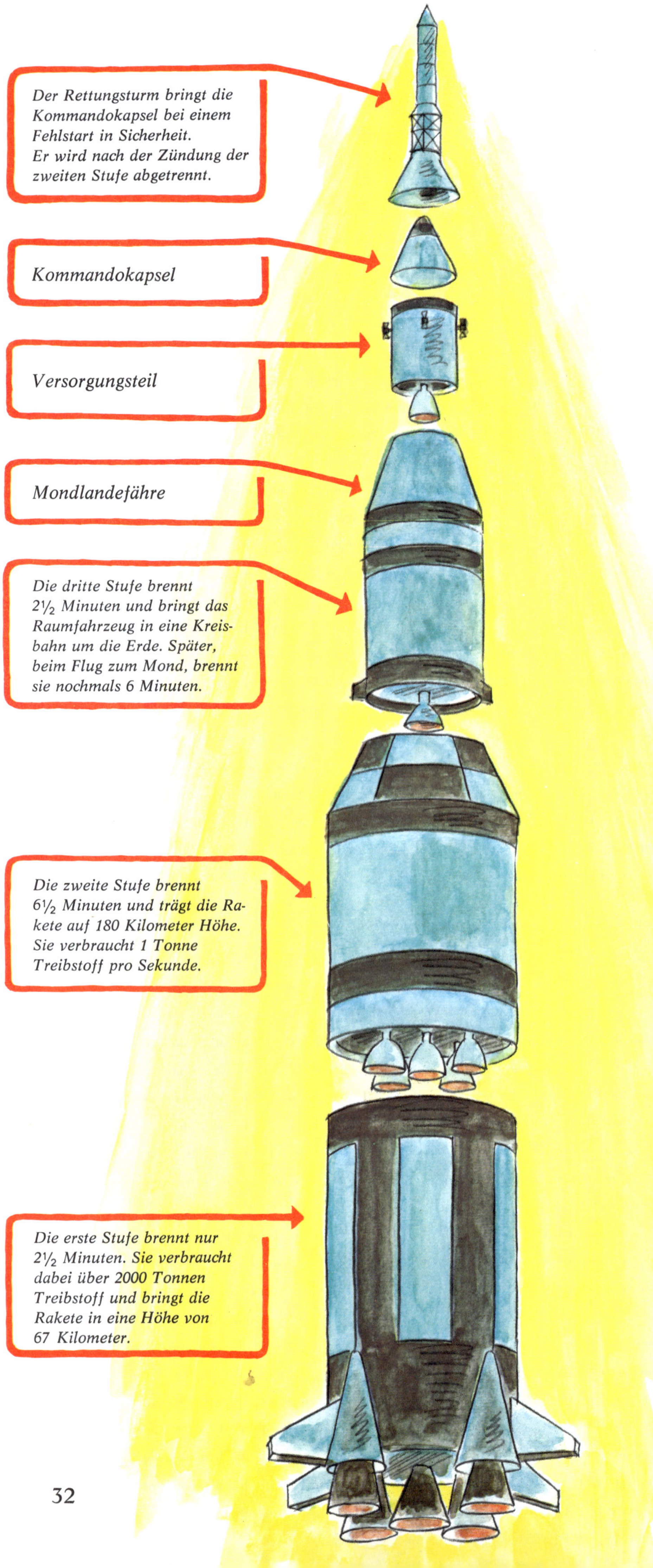

Die **Saturn-Rakete** besteht aus mehreren Stufen. Die drei Antriebsstufen enthalten hauptsächlich Treibstofftanks und Raketenmotoren. Sie schießen das Raumschiff in eine Umlaufbahn um die Erde.

Ein Raketenmotor besteht aus einer Brennkammer, aus der durch eine Düse ein Strahl von Verbrennungsgasen herausschießt. Der Brennkammer wird Treibstoff und flüssiger Sauerstoff zugeleitet, und dieses Gemisch wird durch eine explodierende Pulverladung entzündet.

Raketenmotoren verbrauchen sehr viel Treibstoff, und die dafür nötigen Behälter sind schwer. Um Gewicht zu sparen, baut man deshalb Raketen mit mehreren Stufen. Wenn der Treibstoff der ersten Stufe verbraucht ist (man sagt: wenn sie leergebrannt ist), dann wird sie vom Rest der Rakete abgetrennt. So vermeidet man, daß die Rakete die nutzlosen leeren Behälter mitschleppen muß; die nächste Stufe braucht also weniger Gewicht emporzutragen. Wenn auch die zweite Stufe leergebrannt ist, wird sie ebenso abgestoßen, und die dritte und letzte fängt an zu arbeiten. Ungefähr 12 Minuten nach dem Start wird die dritte Stufe vorläufig abgeschaltet. Das Raumfahrzeug kreist jetzt um die Erde.

Nun überprüfen die Astronauten die Ausrüstung. Sie müssen sicher sein, daß alle Geräte richtig arbeiten, bevor sie aus dem Bereich der Erde in den Bereich des Mondes fliegen. Wenn alles in Ordnung ist, zünden sie die dritte Stufe wieder, die sie in den Bereich des Mondes schießt.

Unterwegs muß die Mondlandefähre aus dem oberen Teil der dritten Stufe herausgezogen werden. An der Spitze der letzten Stufe öffnen sich Klappen, so daß die Landefähre zugänglich wird. Die Astronauten drehen das Raumschiff mit Hilfe von Steuerraketen herum und verbinden es mit der Mondlandefähre. Langsam ziehen sie die Fähre heraus und entfernen sich von der dritten Stufe.

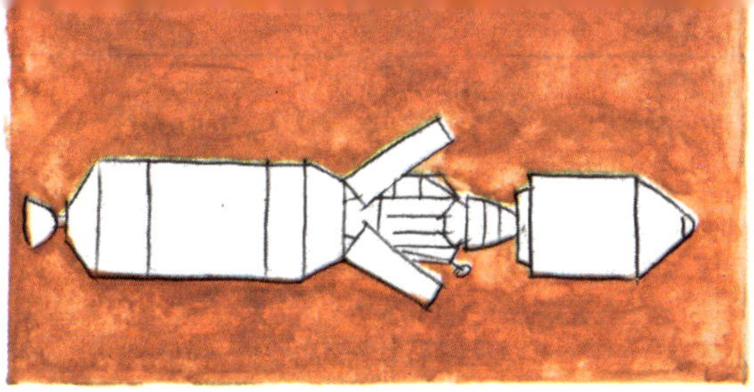

Die Klappen öffnen sich.

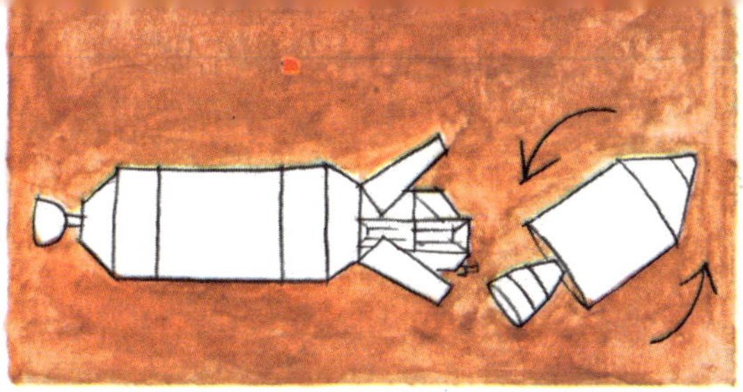

Die Kommandokapsel wendet.

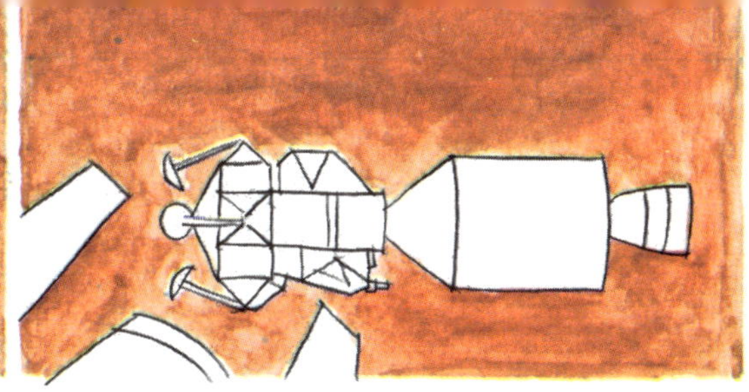

Kommandokapsel und Fähre werden miteinander verbunden.

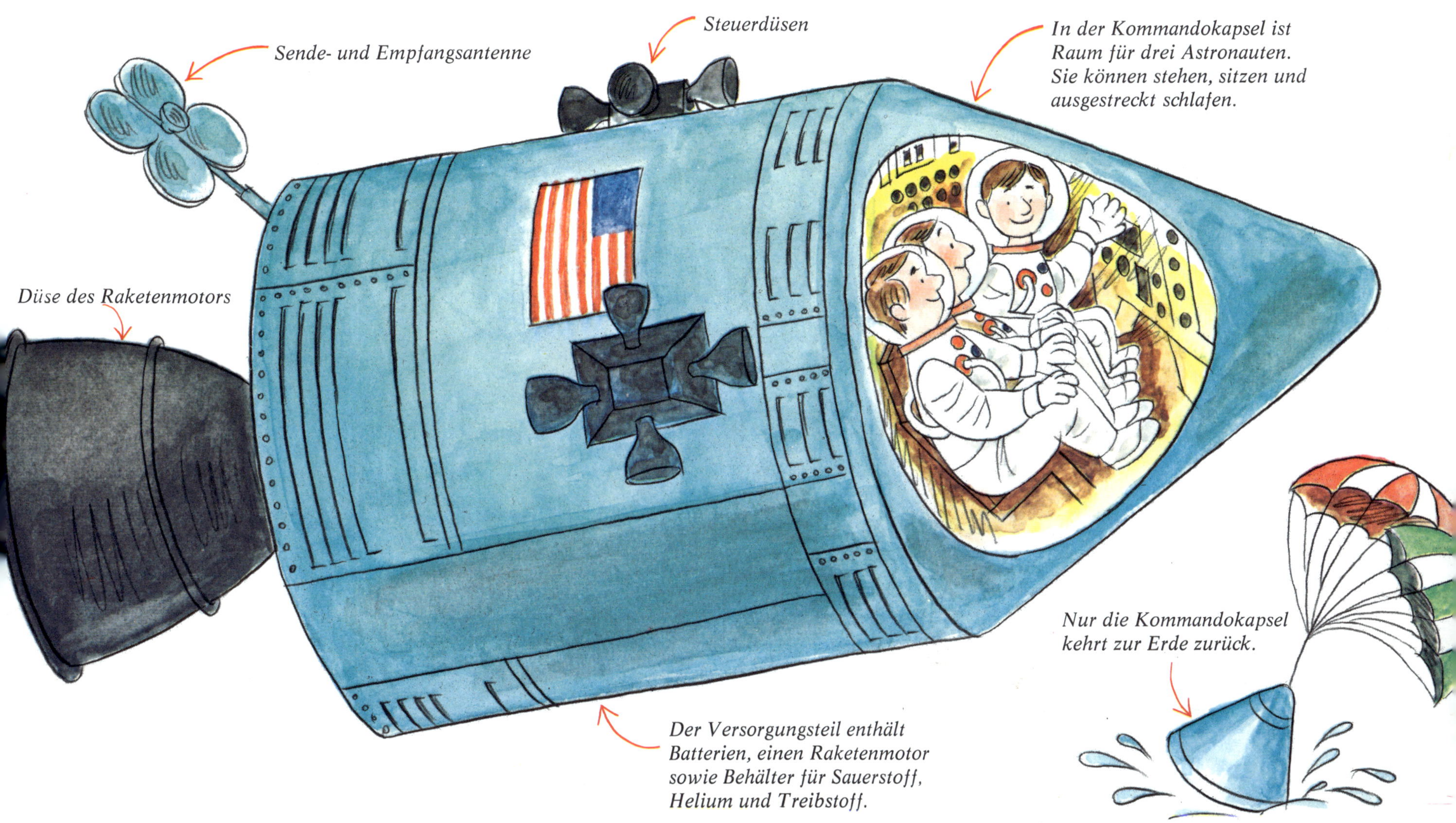

Das **Apollo-Raumschiff** besteht aus dem Versorgungsteil und der Kommandokapsel. Beim Hinflug zum Mond führt es außerdem die Mondlandefähre mit sich. Der Versorgungsteil liefert Elektrizität, Sauerstoff und Trinkwasser für die Kommandokapsel. In der Kommandokapsel sitzen die Astronauten. Sie haben hier auch ihre Essensvorräte und einen Vorrat an Sauerstoff und Wasser für den Rückflug zur Erde. Komplizierte Apparate sorgen für eine angenehme Temperatur, ergänzen den Sauerstoff und erzeugen in der Kapsel den richtigen Luftdruck, damit die Astronauten nicht ständig ihre Raumanzüge tragen müssen.

Die Astronauten stehen die ganze Zeit über in Funk- und Fernsehkontakt mit dem Bodenkontrollpunkt. Winzige medizinische Meßgeräte sind an ihrem Körper befestigt und funken laufend ihren Herzschlag, ihren Blutdruck und ihre Temperatur zur Erde.

Der Flug von der Erde zum Mond und zurück ist schwierig, da die Himmelskörper nicht stillstehen. Der Mond kreist um die Erde, während die Erde um die Sonne kreist. Die Astronauten starten also von der Erde, die sich bewegt, und ihr Flug zielt auf einen Punkt im Weltraum, an dem sie auf die Flugbahn des Mondes treffen, der sich auch bewegt. Lange vor dem Flug berechnen Computer, wo dieser Punkt sein wird und auf welcher Flugbahn und mit welcher Geschwindigkeit die Kapsel zum richtigen Zeitpunkt dort eintreffen wird. Während des Fluges werden diese Berechnungen ständig überprüft, so daß man, wenn nötig, Änderungen vornehmen kann. Computer überwachen auch die Apparate der Kapsel.

In der **Mondlandefähre** befinden sich Wasser, Nahrung, Sauerstoff, Treibstoff und Werkzeuge. Sie hat einen eigenen Computer und ein Heizungs- und Kühlsystem.
Nachdem die Kommandokapsel in eine Umlaufbahn um den Mond eingeschwenkt ist, steigen zwei Astronauten in die Landefähre um. Sie überprüfen zuerst alle Instrumente und trennen dann die Fähre von der Kapsel. Raketen werden kurz gezündet, und die Fähre verläßt die Umlaufbahn. Sie wird nun von der Schwerkraft des Mondes angezogen und bewegt sich ohne eigenen Antrieb auf ihn zu. Dann schaltet der Pilot den Abstiegsmotor ein, um den Fall der Fähre zu bremsen. So kann sie weich auf dem Mond landen.
Haben die Astronauten ihre Arbeit auf dem Mond beendet, dann fliegen sie zur Kommandokapsel zurück. Die Aufstiegsrakete schießt sie vom Mond in eine Umlaufbahn. Kapsel und Fähre verwenden besondere Radarsignale, um sich zu finden. Mit Hilfe der Steuerdüsen steuern sie dann genau aufeinander zu, und die Landefähre legt an der Kommandokapsel an. Die Astronauten steigen in die Kapsel um. Dann zünden sie den Raketenmotor des Versorgungsteils und fliegen zur Erde zurück.

Der **Raumanzug** ermöglicht es den Astronauten, im Weltraum zu leben. Der Anzug hat mehrere Schichten. Unter ihm tragen die Astronauten einen zweiten Anzug, der ihren Körper völlig umschließt. In ihm befinden sich viele kleine Röhrchen, durch die Kühlwasser fließt. So wird dafür gesorgt, daß die Astronauten nicht zu sehr schwitzen müssen. Der Raumanzug muß unter Druck stehen; deshalb hat er eine Schicht aus luftdichtem Material. Sauerstoff strömt aus dem Versorgungsrucksack unter diese Schicht und setzt den Anzug unter Druck. Eine Außenschicht schützt die Astronauten vor großer Hitze oder Kälte und verhindert, daß die luftdichte Schicht beschädigt wird. Die Handschuhe und der Helm bilden mit dem Anzug eine Einheit. Im Helm sind Kopfhörer und Mikrofone eingebaut. So können sich die Astronauten untereinander und mit dem Kontrollzentrum unterhalten.

Ein **Magnet** zieht Eisen an. Gewöhnlich wird er aus Stahl oder Eisen hergestellt. Das eine Ende des Magnets wird »Nordpol« und das andere Ende »Südpol« genannt. Der Nordpol eines Magnets zieht den Südpol eines anderen Magnets an. Zwei Nordpole stoßen sich aber gegenseitig ab. Ungleiche Pole ziehen sich an, und gleiche Pole stoßen sich ab.
Der Magnetismus beruht auf einer besonderen Anordnung der Atome im Magnet, das heißt, der kleinsten Eisenteilchen, aus denen der Magnet besteht. Diese Eisenatome sind selbst winzige Magnete. In einem gewöhnlichen Stück Eisen liegen sie wirr durcheinander, und der Magnetismus kommt nicht zur Wirkung. Wenn aber alle Nordpole dieser kleinsten Eisenteilchen in eine Richtung weisen, so wirkt ihre magnetische Kraft zusammen.

Dinge, die kein Eisen enthalten, werden nicht angezogen.

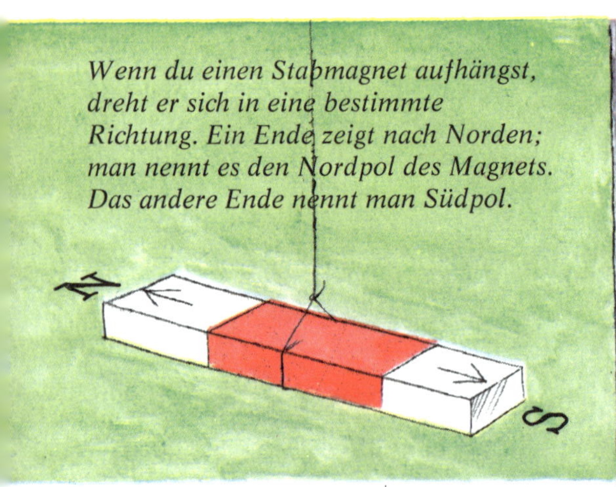

Wenn du einen Stabmagnet aufhängst, dreht er sich in eine bestimmte Richtung. Ein Ende zeigt nach Norden; man nennt es den Nordpol des Magnets. Das andere Ende nennt man Südpol.

Die Kompaßnadel ist ein kleiner Magnet, der nach Norden und Süden zeigt.

Ein Kompaß hilft, den richtigen Weg zu finden, ... ein Schiff über den Ozean zu steuern, ... ein Flugzeug durch die Wolken zu lenken.

Ein **Elektromagnet** ist ein Eisenstück, das durch elektrischen Strom magnetisiert wird. Das kannst du selbst ausprobieren. Nimm einen Nagel und umwickle ihn mit Klingeldraht. Nun schließe die beiden Drahtenden an eine Batterie an. Der Strom, der durch den Draht läuft, ordnet die kleinsten Eisenteilchen im Nagel so an, daß alle Nordpole in dieselbe Richtung zeigen. Der Nagel zieht nun Eisen an — du hast einen Elektromagnet mit Nord- und Südpol. Wo der Nordpol ist, hängt von der Stromrichtung ab. Wenn du die Anschlüsse an der Batterie vertauschst, wechseln auch die beiden Pole im Nagel. Der Magnetismus wirkt nur so lange, wie Strom durch den Draht fließt.

Von der Batterie fließt Strom durch die Drahtwicklung. Der Nagel wird zum Elektromagnet.

Dieser große Elektromagnet ist so stark, daß er schweren Schrott heben kann.

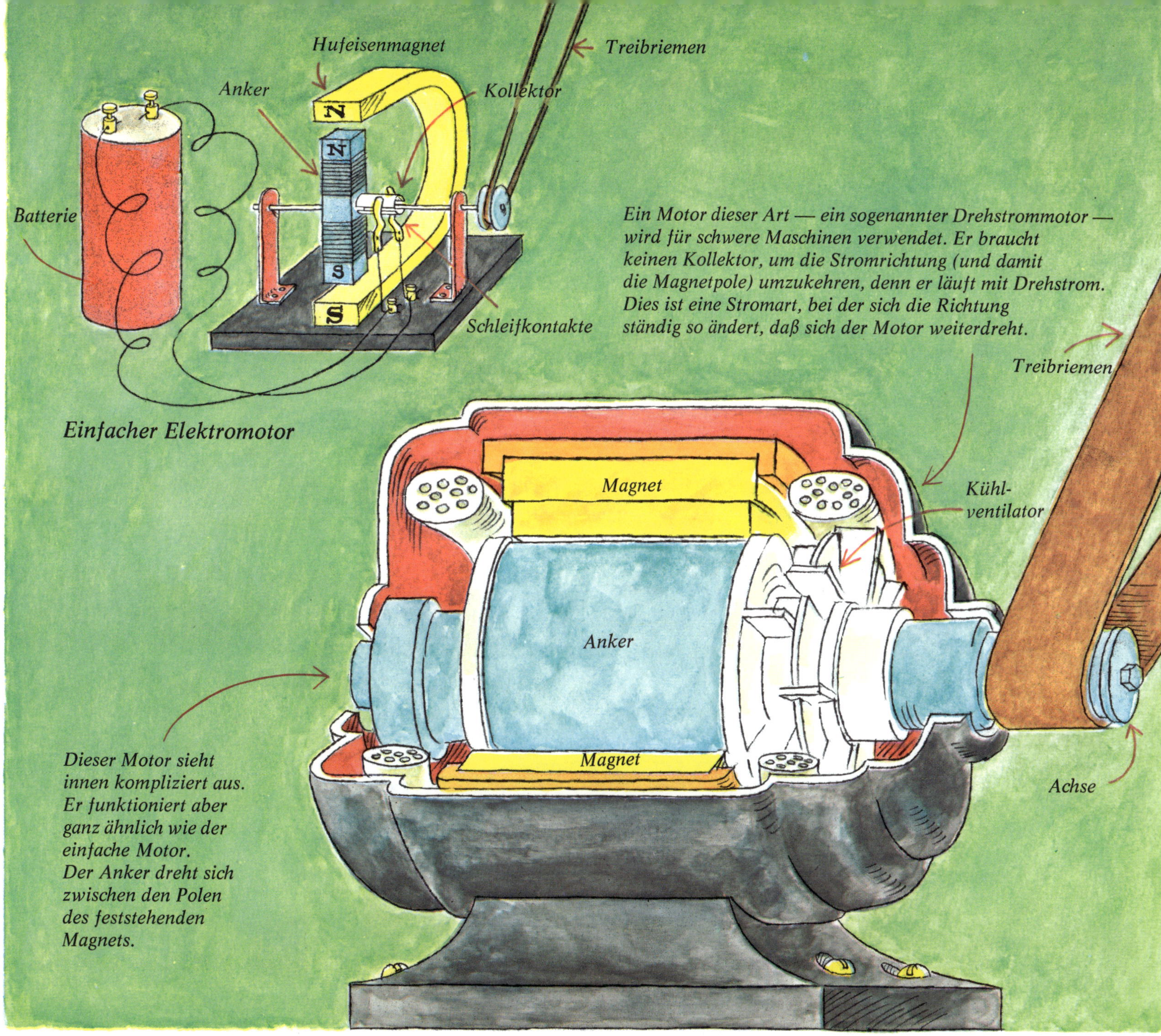

Die meisten **Elektromotoren** funktionieren ähnlich wie der ganz einfache oben in unserem Bild. Bei diesem Motor wurde ein Elektromagnet an einer Achse zwischen den Polen eines Hufeisenmagnets angebracht. Wenn man den Strom einschaltet, fließt er über Schleifkontakte in den Elektromagnet. Auf unserem Bild steht der Nordpol des Elektromagnets beim Nordpol des Hufeisenmagnets, und auch die Südpole stehen beieinander. Weil sich gleiche Pole gegenseitig abstoßen, dreht sich der Anker — so nennt man den Elektromagnet auf der Achse.

Du kannst dir denken, daß der Elektromagnet nach einer halben Drehung stehenbleiben würde, weil sich die Nord- und Südpole der zwei Magnete anziehen. Damit dies nicht geschieht, ist der Kollektor eingebaut. Er funktioniert wie ein Schalter und ändert die Stromrichtung im Elektromagnet genau im richtigen Zeitpunkt. Dadurch wechseln die magnetischen Pole, und wie zu Anfang stehen wieder gleiche Pole beieinander. Sie stoßen sich ab, und der Anker dreht sich weiter. Dies geschieht bei jeder halben Drehung des Ankers, so daß der Motor ununterbrochen läuft. Er kann mit Hilfe eines Treibriemens die verschiedensten Maschinen antreiben.

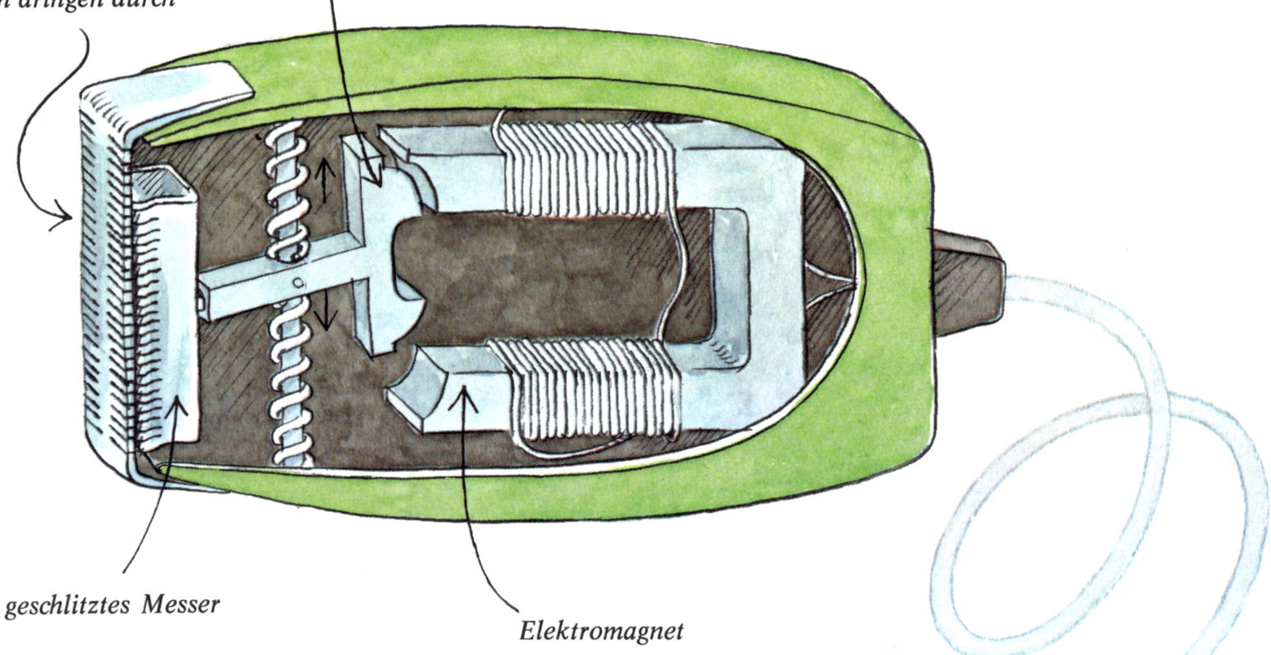

Ein **elektrischer Rasierapparat** hat eine sehr dünne Metallkappe mit Schlitzen oder Löchern. Unter der Kappe sitzt ein eingekerbtes Metallstück — es ist ein Messer mit vielen winzigen Schneiden. Beim Rasieren gleitet die Metallkappe über die Haut. Dabei dringen die Barthaare durch die Schlitze in der Kappe und zwischen die Schneiden des Messers. Das Messer wird von einem Elektromotor hin und her bewegt und schneidet die Bartstoppeln ab.

Im Rasierer fließt der Strom durch einen Elektromagnet. Über den beiden Polen des Magnets befindet sich ein T-förmiges Eisenstück, an dem das Messer befestigt ist. Das T-förmige Eisen wird von einem Pol angezogen. Wechselstrom vertauscht aber sofort wieder die Pole des Magnets, da sich seine Stromrichtung ändert. So wird das T-Stück wieder vom anderen Pol angezogen. Da die Pole mehrmals in der Sekunde wechseln, bewegt sich das Schneidmesser schnell hin und her.

Eine **elektrische Zahnbürste** bewegt sich schnell auf und ab. Im dicken Handgriff der Zahnbürste ist ein kleiner Motor untergebracht. Der Motor wird entweder von einer Batterie im Griff mit Strom versorgt — wie auf unserem Bild — oder mit Strom aus der Steckdose. Zahnräder und Hebel wandeln die Drehbewegung des Motors in eine Auf- und Abbewegung, wie sie für eine Zahnbürste nötig ist. Ein winziges Zahnrad auf der Motorachse dreht ein größeres, an dem ein kleiner Zapfen hervorsteht. Während sich der Zapfen im Kreise dreht, drückt er einen Hebel hin und her (wie beim Scheibenwischer). Dieser Hebel dreht nun die Zahnbürste auf und ab. So werden die Zähne in der richtigen Weise geputzt.

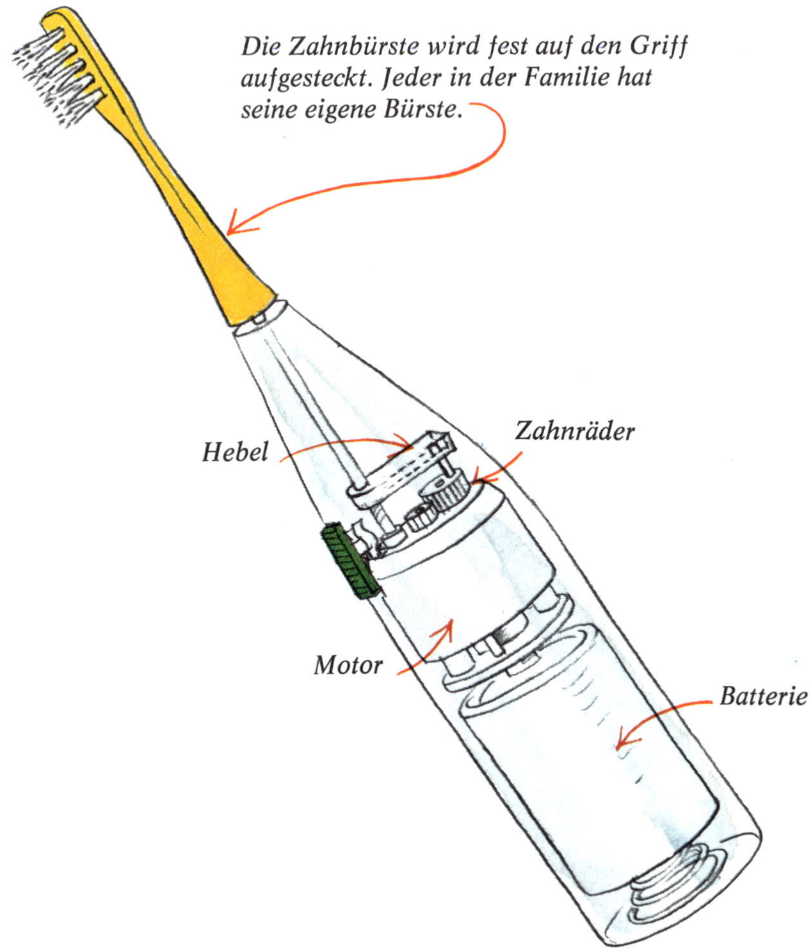

Ein **Düsen-Zahnspüler** reinigt die Zwischenräume zwischen den Zähnen mit kurzen Wasserstößen. Dazu ist ein Elektromotor eingebaut, der eine kleine Pumpe antreibt. Diese pumpt das Wasser in scharfem Strahl aus der Düse — ähnlich wie bei der Wasserpistole. Will man den Zahnspüler benützen, so setzt man den Deckel oben auf das Gerät. Er wird mit Wasser gefüllt. Ein Loch im Boden des Deckels sitzt fest auf einer Röhre, die zur Pumpe führt. Ein dünner Gummischlauch verbindet die Pumpe mit der Düse, die man in der Hand hält. Stellt man das Gerät an, so bewegt der Motor einen Hebel hin und her. Dieser schiebt den Kolben im Zylinder vor und zurück. Wenn der Kolben zurückgezogen wird, saugt er Wasser aus dem Behälter in den Zylinder. Gleitet er vorwärts, pumpt er das Wasser durch den Schlauch und aus der Düse. Die Pumpe arbeitet so schnell, daß in einer Minute Hunderte von Wasserstößen aus der Düse kommen.
Der Vorteil dieses Geräts besteht darin, daß beim Reinigen durch die Wasserstöße auch das Zahnfleisch massiert wird.

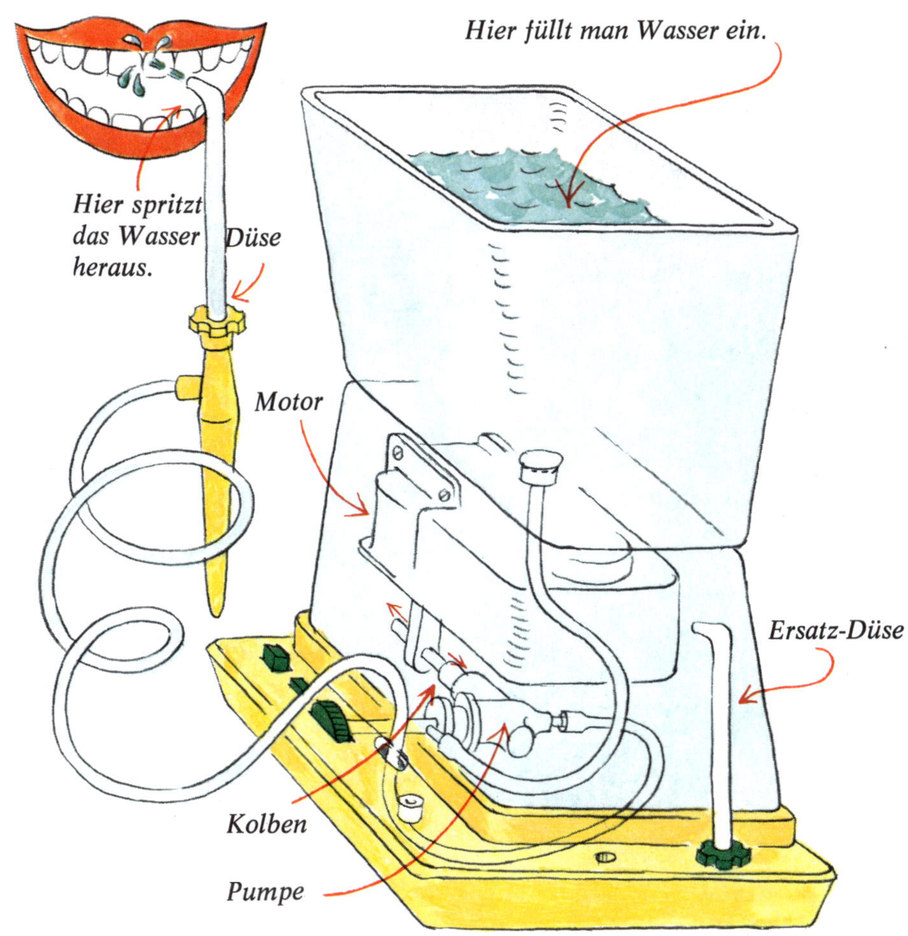

Wenn man ein Kleid näht, schneidet man als erstes die Teile aus dem Stoff aus.

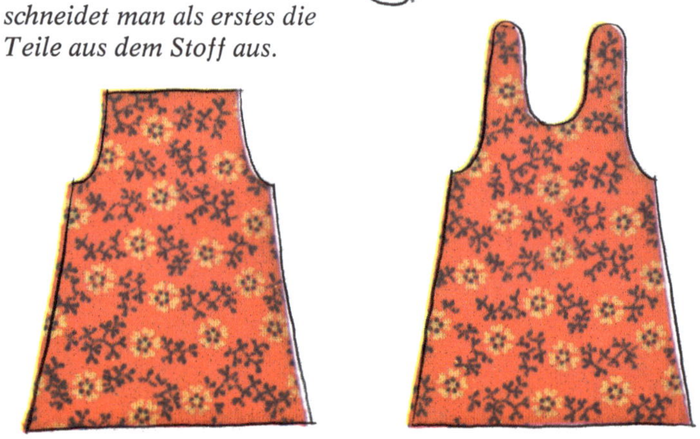

Hier siehst du die fertig zugeschnittenen Teile, die man mit der Maschine zusammennäht.

Hier ist das fertige Kleid.

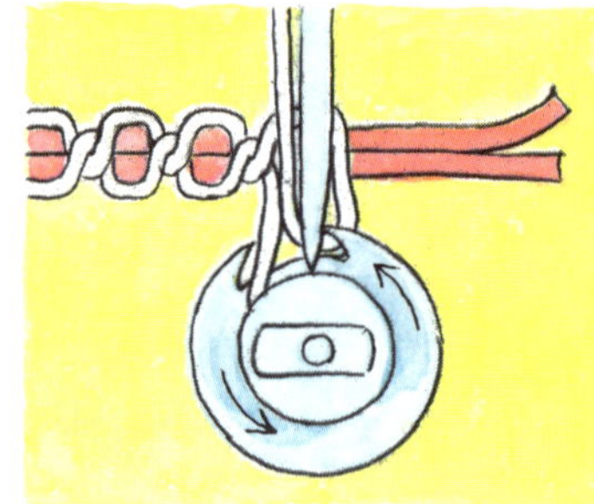

1. Die Nadel sticht mit dem Oberfaden durch den Stoff. Ein Haken am Schiffchen greift den Oberfaden.

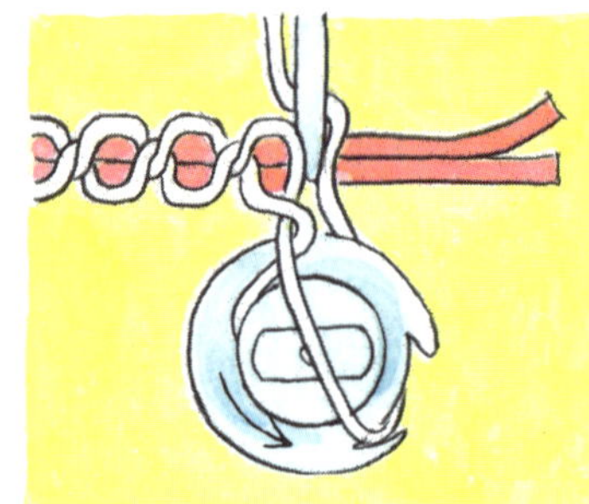

2. Das Schiffchen dreht sich weiter und schlingt dabei den Oberfaden um den Unterfaden.

3. Die Nadel bewegt sich wieder nach oben. Zugleich zieht der Fadenhebel den Oberfaden straff an, so daß ein fester Stich entsteht.

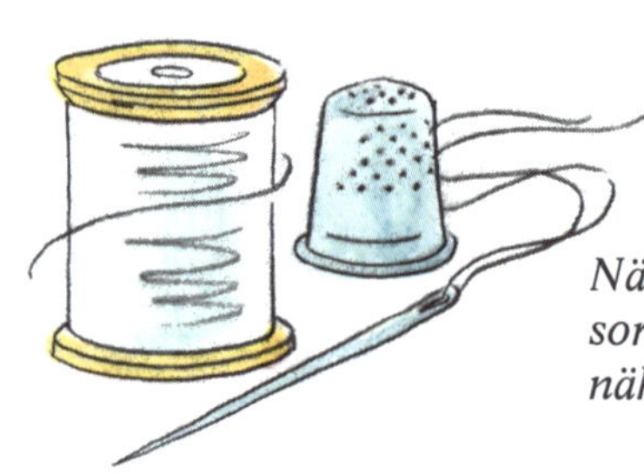

Nähte und Stiche, die besonders sorgfältig ausgeführt werden müssen. näht man immer noch mit der Hand.

Eine **Nähmaschine** macht Hunderte von Stichen in einer Minute. Die Maschinennaht entsteht aus zwei Fäden, für die auch zwei getrennte Spulen verwendet werden. Die Spule mit dem Oberfaden sitzt auf einem Stift auf der Maschine. Über mehrere Fadenführungen wird der Faden zur Nadel gespannt und in das Nadelöhr eingefädelt. Die Spule mit dem Unterfaden sitzt unter der Nadel in einer Kapsel, die man Schiffchen nennt. Der Unterfaden kommt durch ein Loch in der Nähplatte nach oben heraus.

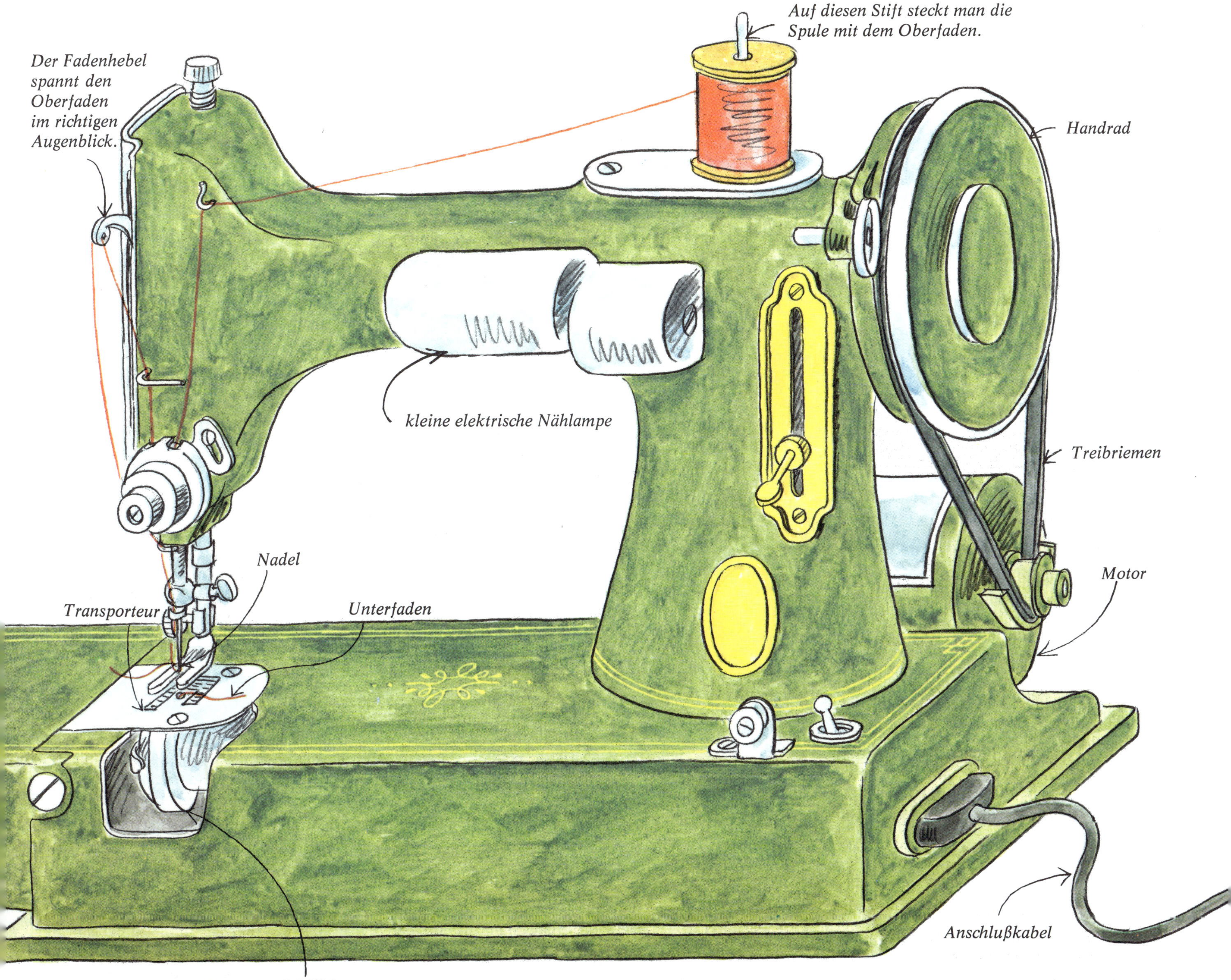

Viele Nähmaschinen werden heute elektrisch angetrieben. Wenn du das Fußpedal drückst, geschieht folgendes: Strom wird eingeschaltet, und der Motor dreht sich. Mit einem Treibriemen treibt er die Räder und Zahnräder im Innern der Maschine. Dadurch bewegt sich die Nadel auf und ab, und das Schiffchen dreht sich. Die Nadel mit dem Oberfaden sticht durch den Stoff. Wenn die Nadel unten ist, greift ein Haken, der am Schiffchen hervorsteht, den Oberfaden und schlingt ihn einmal um das Schiffchen. Geht die Nadel wieder nach oben, so schlingt sich der Oberfaden um den Faden, der sich aus dem Schiffchen abspult. So entsteht ein Stich.

Nach jedem Stich kommt ein kleines Plättchen mit Zähnen durch die Nähplatte unter dem Stoff herauf und schiebt ihn vorwärts. Das Plättchen hat einen merkwürdigen Namen: Es heißt Transporteur, weil es den Stoff über die Nähplatte weitertransportiert. Dadurch ergibt sich eine gleichmäßige Reihe von Stichen — eine Naht entsteht.

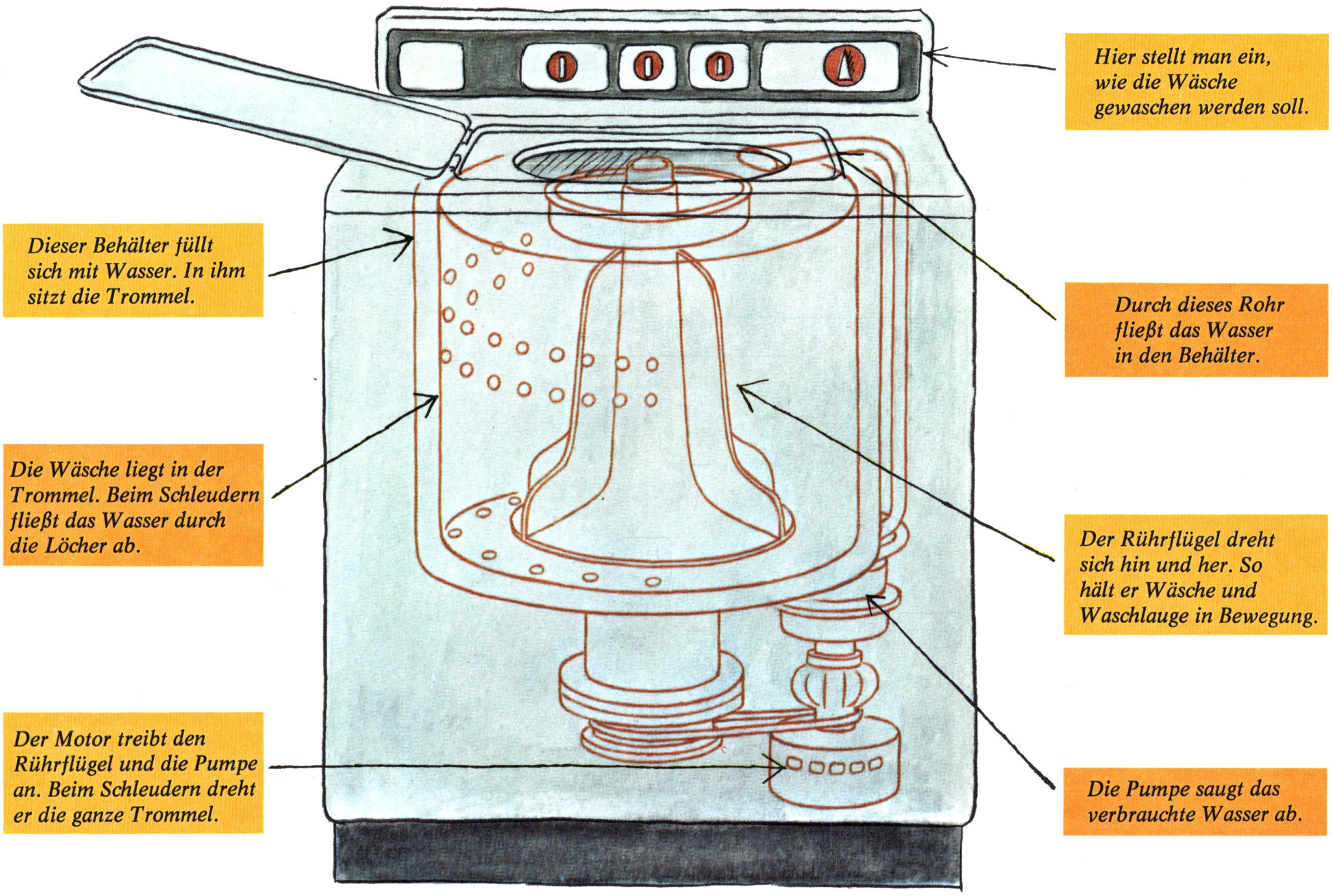

Eine automatische **Waschmaschine** übernimmt all die Arbeiten, die beim Wäschewaschen nötig sind. Sie füllt sich selbst mit Wasser, wäscht, spült und schleudert die Wäsche, pumpt das Wasser heraus und schaltet sich dann selbst ab. Ein Zeitschalter in der Waschmaschine steuert alle diese Vorgänge. Deine Mutter braucht nur die Wäsche in die Trommel zu tun, Waschpulver einzufüllen und die Maschine anzustellen.
Ein Schlauch verbindet die Maschine mit der Wasserleitung. Wenn man die Maschine anstellt, öffnen sich Ventile, und Wasser strömt in den Waschbottich, bis er voll genug ist. Der Zeitschalter läuft und stellt die verschiedenen Waschvorgänge an und ab.
Es gibt viele verschiedene Arten von Waschmaschinen. Unsere Abbildung zeigt eine Maschine, bei der die Wäsche durch ein Rührwerk bewegt wird. Während des Waschens und Spülens dreht ein Elektromotor den Rührflügel hin und her. Der Schmutz wird von der Seifenlauge gelöst und durch die ständige Bewegung der Wäsche herausgespült. Beim Schleudern wird die ganze Trommel gedreht.

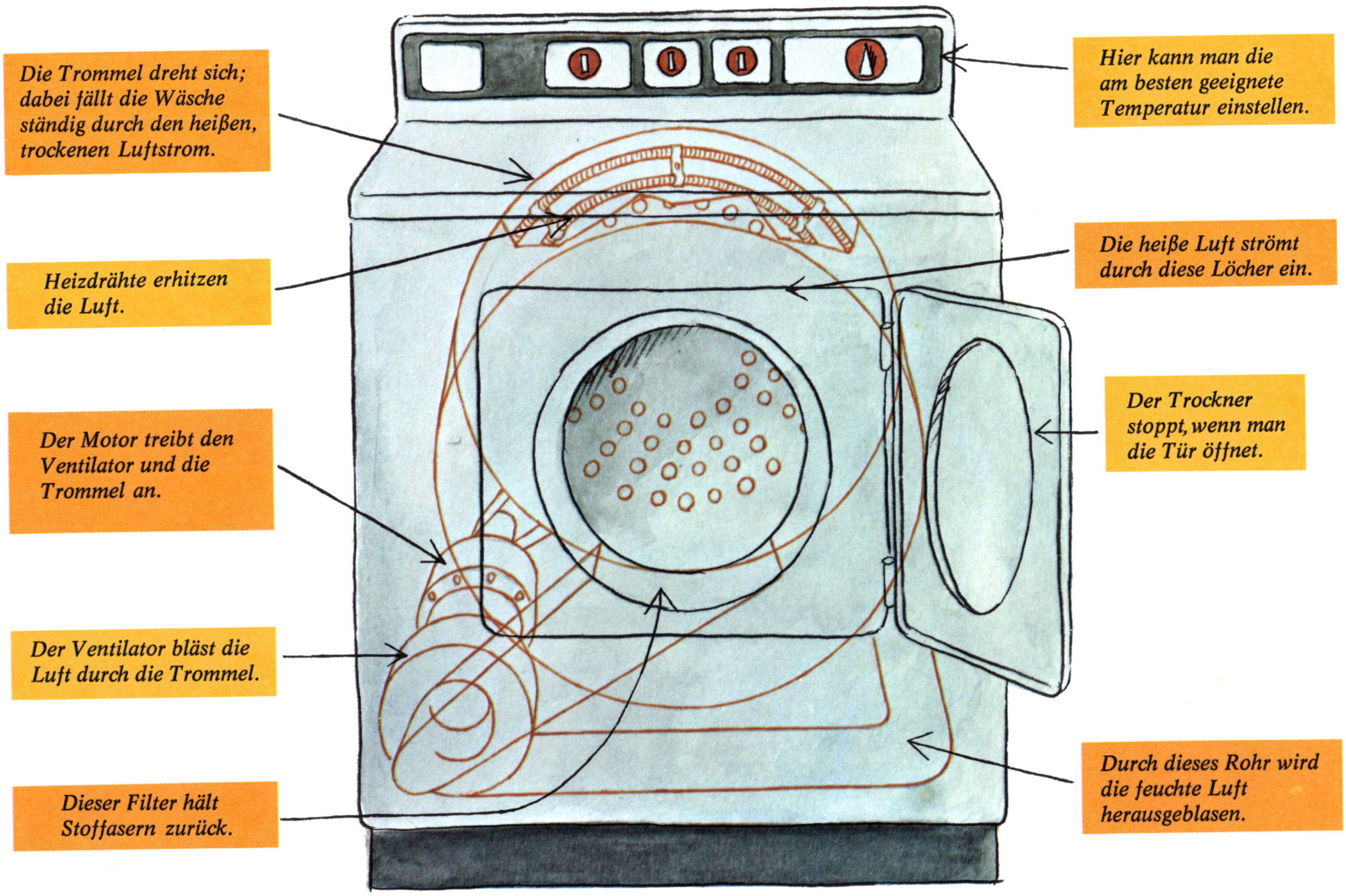

In einem **Wäschetrockner** wird die saubere Wäsche durch heiße Luft getrocknet. Ein Ventilator bläst heiße Luft in die Trommel des Wäschetrockners. Die Trommel wird von einem Elektromotor ständig gedreht. Dadurch wird die Wäsche immer wieder umgewendet, und die heiße Luft kann alle Wäschestücke gleichmäßig trocknen. Auch der Wäschetrockner wird von einem Zeitschalter gesteuert.

Durch elektrische Heizdrähte wird die Luft im Trockner erhitzt und dann in die Trommel geleitet. Die heiße, trockene Luft nimmt die Feuchtigkeit aus der Wäsche auf. Die feuchte Luft wird aus dem Trockner herausgeblasen. Bei manchen Trocknern lassen sich für verschiedene Stoffarten verschiedene Temperaturen einstellen. Ein Thermostat sorgt dafür, daß die gewählte Temperatur im Trockner stets gleich bleibt. Der Thermostat schaltet die Heizung ab, sobald die Luft im Trockner zu heiß wird. Wie ein Thermostat funktioniert, kannst du auf Seite 52 bei der Beschreibung des Bügeleisens nachlesen.

Dieser einfache Besen ist für die Stube nicht gut zu gebrauchen.

Der Teppichklopfer löst den Staub — aber wieviel Mühe macht das!

Mit dem Staubwedel kommt man überall hin — aber wohin geht der Staub?

Auch der kleine Handfeger wirbelt viel Staub auf.

Dieser Besen ist schon viel besser. Aber ein Staubsauger kann mehr.

Bei diesem Bodenstaubsauger liegt der Ventilator hinter dem Staubbeutel.

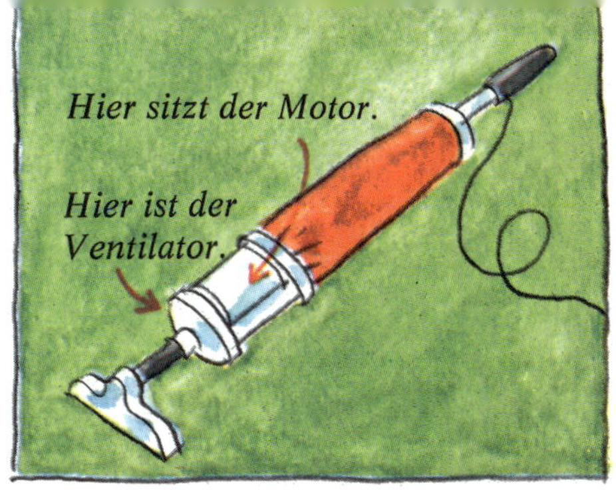

Bei diesem Handstaubsauger befindet sich der Beutel hinter dem Ventilator.

Diesen kleinen Staubsauger kann man umhängen.

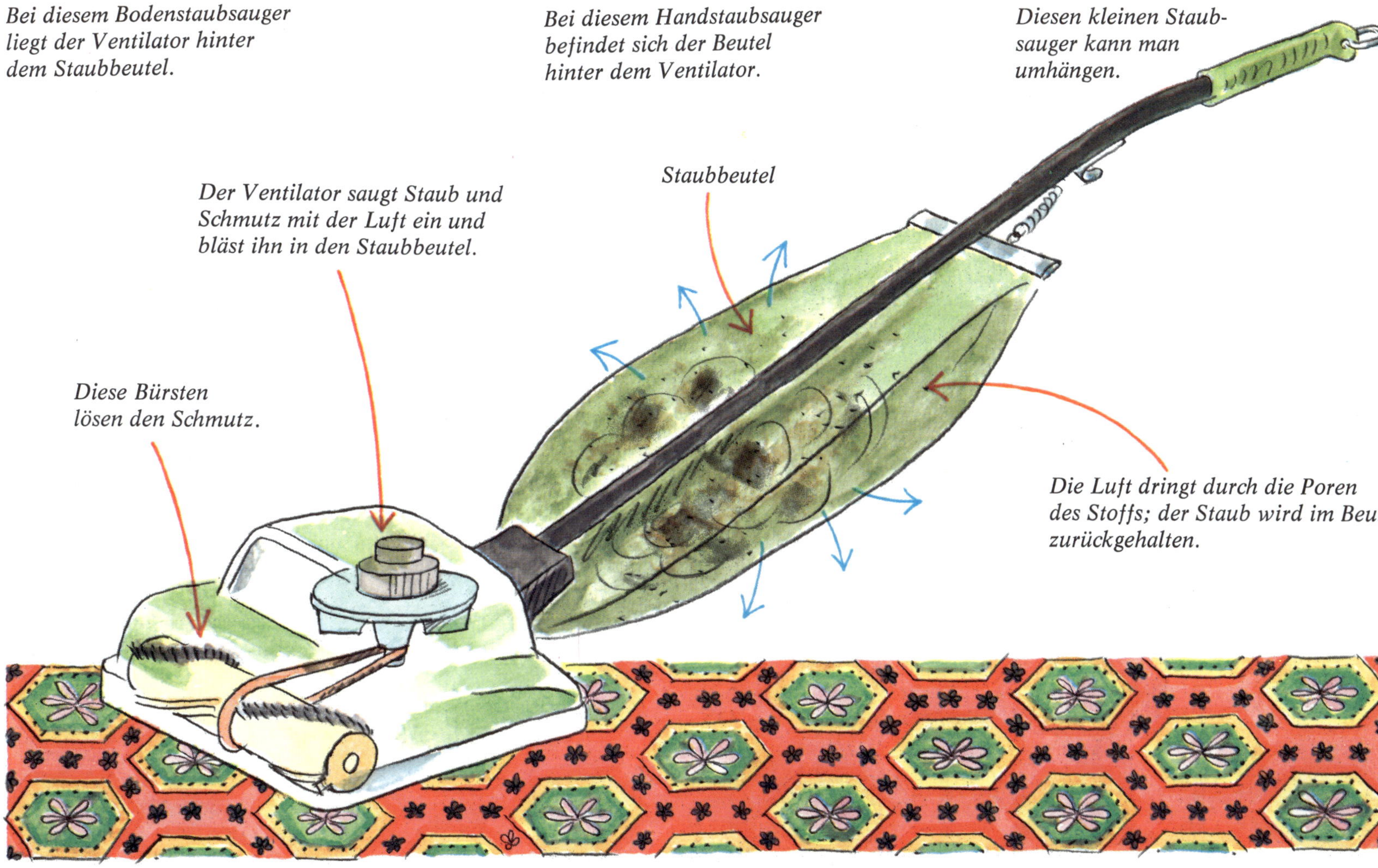

Der **Staubsauger** ist der moderne Besen. Er fegt Fußböden und Teppiche. Dabei fängt er den Staub in einem Beutel auf, statt ihn in die Luft zu wirbeln. Es gibt zwar Staubsauger in den verschiedensten Ausführungen, aber sie arbeiten alle auf dieselbe Weise. Ein Ventilator saugt Luft und Schmutz vorne in den Staubsauger und dann in den Beutel hinein. Die Luft entweicht wieder aus diesem Beutel durch Poren. Diese Poren sind jedoch so klein, daß der Schmutz nicht hindurch kann. So bleibt er im Beutel zurück und wird dort gesammelt.

Dies alles geschieht, da im Innern des Staubsaugers ein luftverdünnter Raum — ein Vakuum — erzeugt wird. Überall dort, wo weniger Luft vorhanden ist als normal, sprechen wir von einem Vakuum. Beim Staubsauger erzeugt der Ventilator ein solches Vakuum, indem er Luft hinten ausstößt. Mehr Luft strömt nun nach, um dieses Vakuum aufzufüllen.

Du kannst selbst ausprobieren, wie die Luft in einen luftverdünnten Raum nachströmt. Nimm eine leere Flasche und sauge Luft aus ihr heraus. Deine Lippen werden dann von der Außenluft an die Öffnung gepreßt, da sie den luftverdünnten Raum in der Flasche wieder aufzufüllen versucht. Solange der Ventilator des Staubsaugers in Gang ist, bleibt auch das Vakuum, so daß ständig Luft eingesaugt wird. Staub und Schmutz werden vom Luftstrom mitgerissen.

Ein Elektromotor treibt den Ventilator an. In einigen Staubsaugern dreht der Motor gleichzeitig Bürsten, die den Schmutz aus dem Teppich lösen. Einen solchen Staubsauger siehst du auf der großen Abbildung.

Ein **Aufzug** ist wie ein kleiner Raum, der Leute von einem Stockwerk zum andern hinauf oder hinunter befördert. Er wird an Stahlkabeln hinaufgezogen oder heruntergelassen. Die Kabel laufen über eine Seiltrommel, die von einem Elektromotor angetrieben wird. An einem Ende der Kabel hängt der Aufzug und am anderen ein schweres Gewicht, das man Gegengewicht nennt. Der Aufzug und das Gegengewicht gleiten zwischen Führungsschienen, so daß sie nicht hin und her schwanken können.

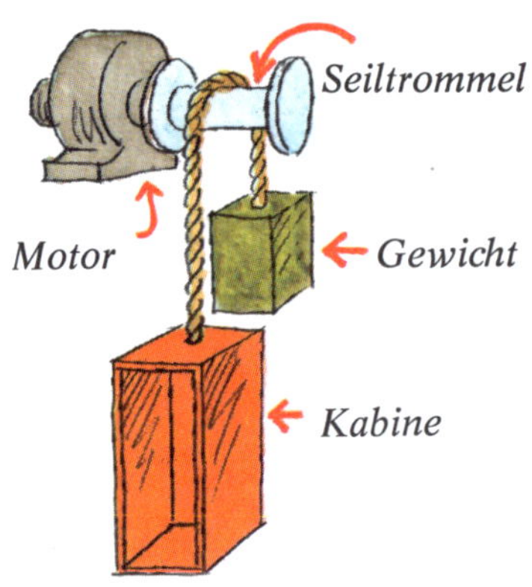

Will man mit dem Fahrstuhl von einem Stockwerk zum anderen fahren, braucht man nur auf Schaltknöpfe zu drücken. Die Knöpfe tragen die Nummern der einzelnen Stockwerke. Sie senden über Stromleitungen elektrische Signale an den Motor. Erst wenn die Türen des Aufzugs sicher geschlossen sind, beginnt der Motor die Seiltrommel zu drehen. Wenn der Fahrstuhl im richtigen Stockwerk angekommen ist, hält er an, und man kann die Tür zum Aussteigen öffnen. Auf jedem Stockwerk sind neben der Fahrstuhltür Schaltknöpfe für die Richtungen »Auf« und »Ab« angebracht. Drückst du auf einen dieser Knöpfe, so beginnt der Motor zu arbeiten und bringt den Fahrstuhl zu dem Stockwerk, in dem du wartest.

So funktioniert ein Gegengewicht:

Wenn du ein schweres Klavier hochziehen willst und einen Elefanten hast, der fast genausoviel wiegt wie das Klavier, so befestigst du das eine Seilende am Klavier, das andere am Elefanten. Das Seil schlingst du um eine Seiltrommel. Der Elefant hängt oben, und das Klavier steht unten. Durch sein Gewicht zieht nun der Elefant nach unten und damit das Seil, an dem das Klavier hängt, nach oben. Da der Elefant fast so schwer ist wie das Klavier, brauchst du nur ein wenig mitzuhelfen.

Bei einer **Rolltreppe** rollen die Stufen hinauf oder hinunter. Jede Stufe hat unten kleine Rädchen, die auf schrägen Schienen entlanglaufen. Die Stufen sind an einer Kette befestigt. Ein Elektromotor dreht ein großes Zahnrad, dessen Zähne in die Kettenglieder eingreifen.

Das Geländerband läuft mit.

Ein Elektromotor treibt die Zahnräder an, über die die Kette läuft.

Hier laufen die Stufen zurück.

Die Stufen sind zuerst flach und deshalb leicht zu betreten.

Die Zähne des Rades greifen in die Kettenglieder; die Kette zieht die Stufen hinauf.

So werden die Stufen hinaufgezogen. Oben laufen die Stufen über das Zahnrad, dann unter der Rolltreppe zurück und über ein zweites Zahnrad wieder nach oben. Am Anfang der Rolltreppe und am oberen Ende laufen die Stufen ein Stück weit auf gleicher Höhe mit dem Fußboden. So kannst du sicher und bequem auf die Rolltreppe treten und oben wieder weggehen, ohne eine einzige Stufe gestiegen zu sein. Der Motor dreht außerdem große Räder, über die das bewegliche Geländerband läuft. Dieses Band bewegt sich genauso schnell wie die Stufen, und du kannst dich, während du auf der Rolltreppe stehst, daran festhalten.

Einen **Ventilator** benützt man zur Lüftung und auch zur Kühlung. Ein Ventilator kühlt aber nicht die Luft; er hält sie nur in Bewegung und bläst sie in eine Richtung. Die Kühlung kommt dadurch zustande, daß in bewegter Luft Flüssigkeit schneller verdunstet. — Du kommst verschwitzt nach Hause, nachdem du an einem heißen Sommertag draußen gespielt hast. Der Luftstrom vom Ventilator streicht über dein Gesicht. Der Schweiß verdunstet, und weil er dabei deinem Gesicht Wärme entzieht, fühlst du, wie es kühler wird.

Ein Ventilator funktioniert ganz einfach. In einem Gehäuse sitzt der Motor. Auf seiner Achse sind die Ventilatorflügel befestigt. Wie bei einem Propeller sind sie schräg gestellt. Wenn du den Motor anschaltest, kreisen die Flügel. Dabei erfassen sie die Luft und drücken sie nach vorn. So entsteht ein kühlender Luftstrom.

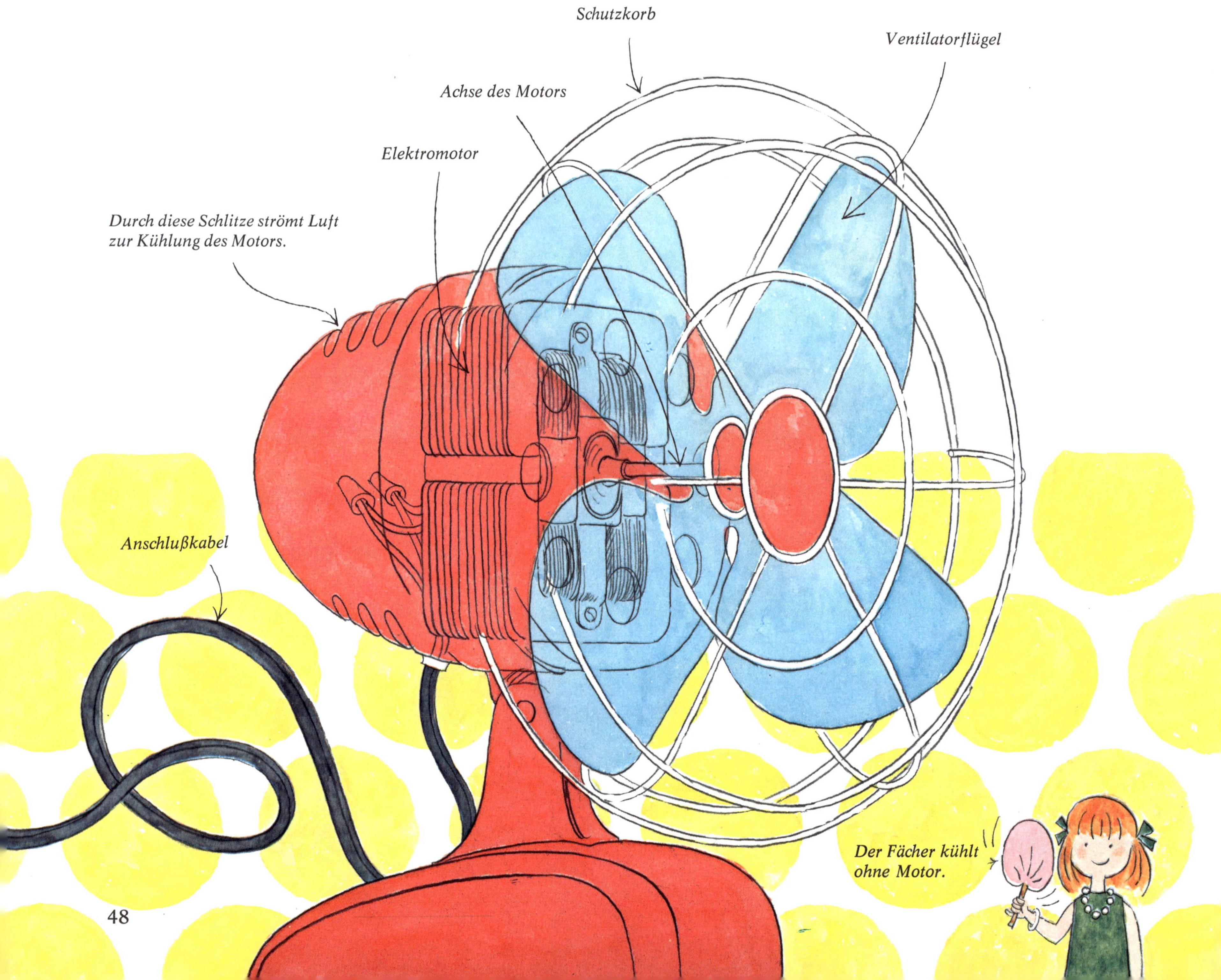

Mit einer **Klimaanlage** kann man im Sommer ein Zimmer angenehm kühl halten. Die warme Luft aus dem Zimmer wird in die Klimaanlage gesogen und kühle Luft von dort hereingeblasen. Ein Ventilator in der Klimaanlage bläst die heiße Luft aus dem Zimmer gegen Röhren, die mit einer leicht verdunstenden Flüssigkeit gefüllt sind. Man nennt diese Flüssigkeit Kühlmittel. Wenn das Kühlmittel in den Röhren verdunstet, entzieht es dabei der Luft Wärme. – Denke daran, wie dein Gesicht gekühlt wird, wenn der Schweiß verdunstet und damit der Haut Wärme entzogen wird. – Die abgekühlte Luft wird nun wieder in das Zimmer zurückgeblasen.

Durch die Verdunstung hat sich das Kühlmittel in ein Gas verwandelt. Es strömt nun durch die Röhren in den Teil der Klimaanlage, der sich außerhalb des Zimmers im Freien befindet. Dort drückt ein Kompressor das Gas zusammen, so daß es heiß wird, und zwar viel heißer als die Luft im Freien. Weil die Außenluft jetzt — verglichen mit dem Gas — kühler ist, entzieht sie ihm Wärme. Das Kühlmittel wird kälter und dadurch wieder flüssig. Es wird nun zur Kühlung der Zimmerluft wieder zurückgeleitet, um in den Kühlröhren von neuem zu verdunsten.

Früher holte man Eisblöcke zum Kühlen.

Der Eismann fuhr mit seinem Wagen durch die Stadt und verkaufte Eis.

Man legte das Eis in das Eisfach des Eisschranks.

Ein **Kühlschrank** braucht heute kein Eis mehr, um Lebensmittel kühl zu halten. Statt dessen benützt man einen Kompressor und ein System von Röhren, in denen ein Kühlmittel fließt. Was mit dem Kühlmittel während des Kreislaufs durch die Röhren geschieht, zeigt die Abbildung unten rechts. Anfangs fließt es als Flüssigkeit in den Röhren auf der einen Seite des Kühlschranks hinauf. Wenn es zu den Rohrwindungen beim Gefrierfach kommt, verdunstet die Flüssigkeit. Dabei entzieht sie dem Gefrierfach und dem ganzen Kühlschrank Wärme. Nun strömt das Kühlmittel auf der anderen Seite zum Kompressor hinunter Dort wird es zusammengepreßt und gibt die Wärme, die es dem Gefrierfach entzogen hat, an die Luft der Küche ab. Dabei wird das Kühlmittel wieder flüssig und beginnt den Kreislauf von vorne.
Ein Kühlschrank arbeitet also wie eine kleine Klimaanlage, durch die das Innere des Schranks und alle Nahrungsmittel darin kühl gehalten werden.

So entsteht die Kälte im Kühlschrank.

Meinst du, daß Eskimos Kühlschränke brauchen?

Eine **Kunsteisbahn** wird fast genauso wie ein Kühlschrank gekühlt. Das Kühlmittel strömt durch Röhren, die im Betonboden der Eisbahn verlegt sind. Die gesamte Fläche wird unter Wasser gesetzt. Das Kühlmittel verdunstet in den Röhren und entzieht dabei dem Betonboden und dem Wasser darauf Wärme. Das Wasser wird so kalt, daß es gefriert.

Das bei der Verdunstung entstandene Gas muß die Wärme, die es aufgenommen hat, wieder abgeben. Es strömt deshalb durch Röhren hinter der Eisbahn und wird dabei von der kühleren Außenluft abgekühlt. So wird es wieder flüssig und beginnt den Kreislauf von neuem.

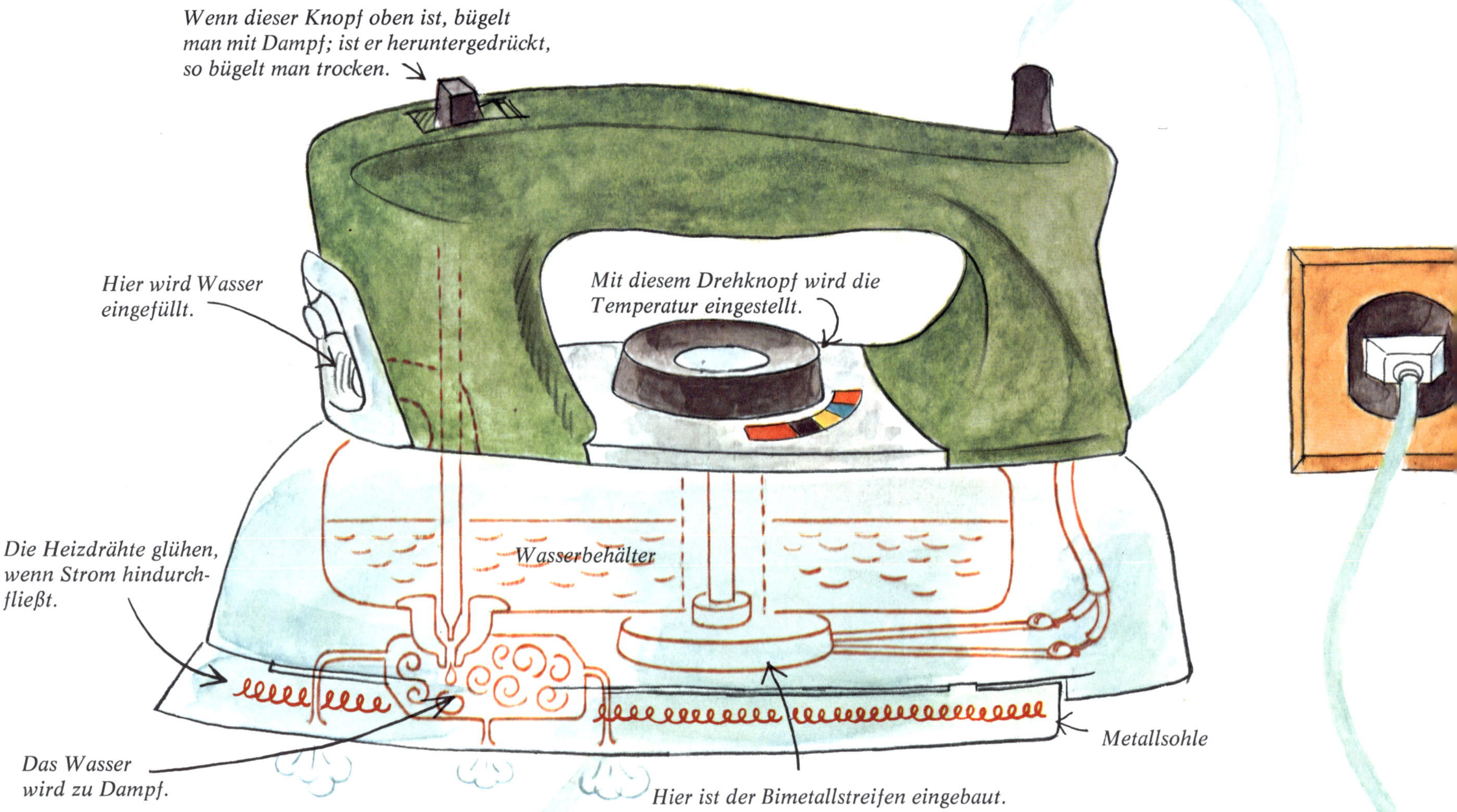

Das **Bügeleisen** wird von Heizdrähten erwärmt, die in das Innere der Metallsohle eingebettet sind. Der Strom fließt durch die Heizdrähte und durch einen Temperaturregler (Thermostat), der für die richtige Temperatur des Bügeleisens sorgt. Als Regler benützt man einen sogenannten Bimetallstreifen; das sind zwei miteinander verbundene Streifen aus verschiedenen Metallen. Sie berühren einen Kontakt, über den der Strom zu den Heizdrähten fließt. Metalle dehnen sich bei Erwärmung aus. Wenn ein Bimetallstreifen erwärmt wird, verbiegt er sich, weil sich die beiden Metalle verschieden stark ausdehnen. Sobald das Bügeleisen zu heiß wird, biegt das Metall, das sich stärker ausdehnt, den Streifen vom Kontakt weg. Nun fließt kein Strom mehr, und das Bügeleisen kühlt sich ab. Dabei biegt sich der Bimetallstreifen wieder zurück, bis er aufs neue den Kontakt berührt und so den Strom wieder einschaltet. Die gewünschte Temperatur wird mit einem Drehknopf eingestellt. Mit ihm schiebt man den Kontakt näher an den Bimetallstreifen heran oder weiter von ihm weg.

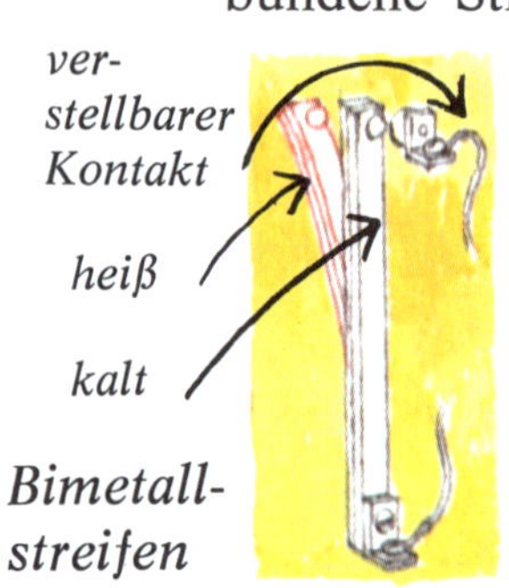

Bimetallstreifen

Unsere Abbildung zeigt ein Dampfbügeleisen. In ihm ist ein kleiner Wasserbehälter eingebaut, aus dem Wasser auf die Sohle des Bügeleisens tropft. Die Hitze verwandelt das Wasser in Dampf, der durch Löcher nach unten herausströmt. Der Dampf macht den Stoff weicher, so daß er sich besser bügeln läßt.

Diese Abbildungen zeigen weitere Geräte, die ähnlich wie das Bügeleisen und der Toaster funktionieren. In allen sind Heizdrähte eingebaut, die heiß werden, wenn Strom hindurchfließt.

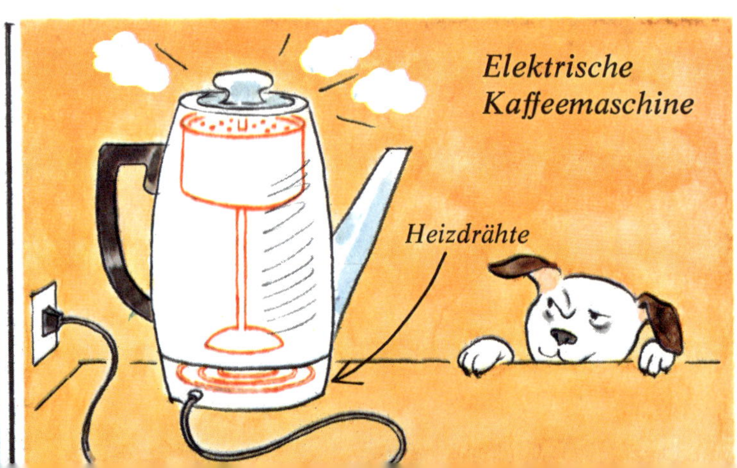

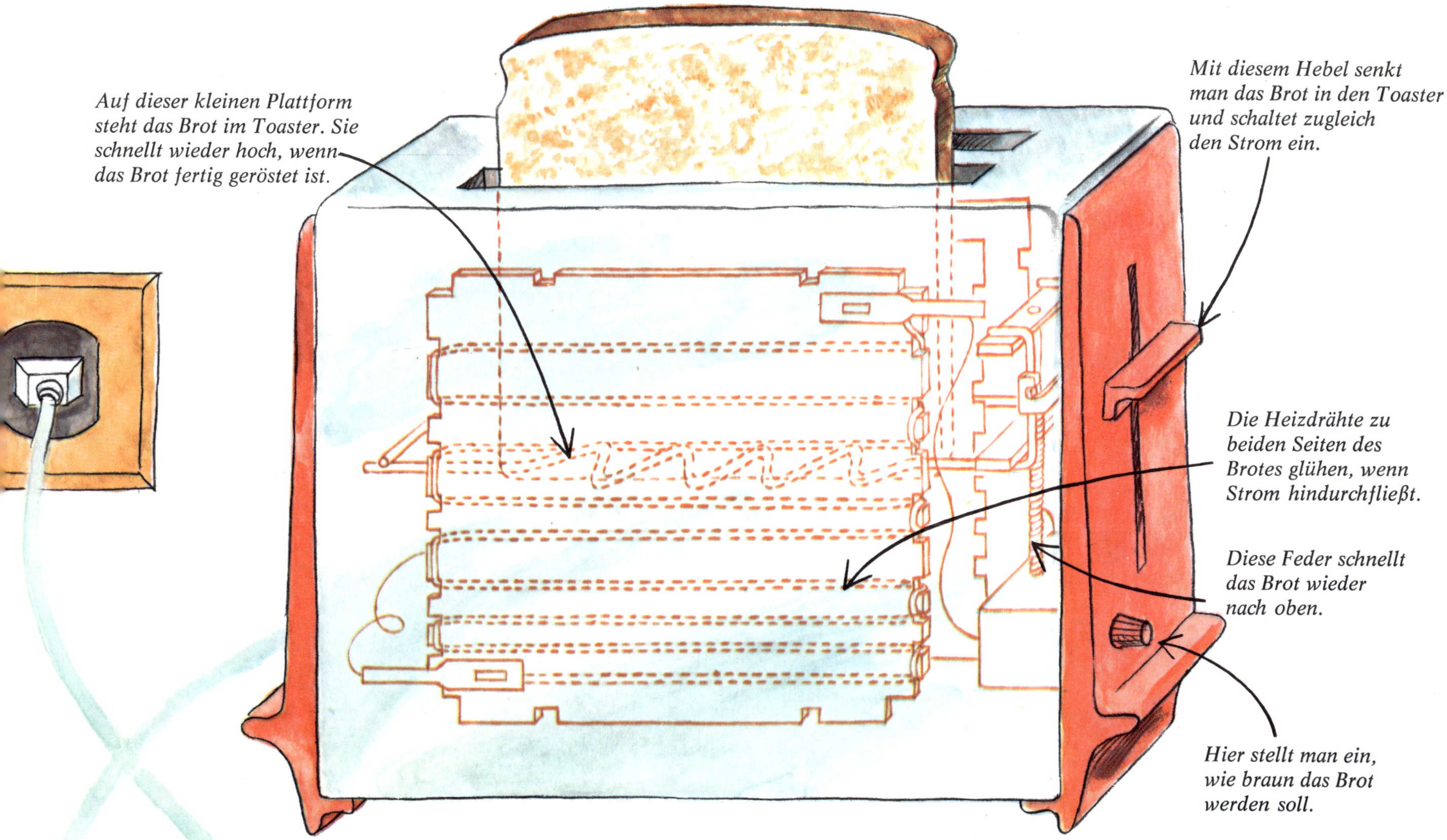

In einem **Toaster** sind sehr dünne Heizdrähte um hitzefeste Platten gewickelt. Zwischen diesen Platten ist ein Schlitz, in den du das Brot steckst.
Du denkst sicher, es sei ganz einfach, Brot zu toasten. Und das ist es auch — jedenfalls für dich. Du steckst das Brot in den Toaster, stellst ein, wie stark es geröstet werden soll, und drückst den Hebel an der Seite herunter. Alles andere macht dann der Toaster von selbst.
Der Strom für die Heizdrähte wird eingeschaltet, und sie werden so heiß, daß sie rot glühen. Durch ihre Hitze wird das Brot geröstet. Teure Toaster haben einen Thermostat und einen Zeitschalter, mit dem du einstellen kannst, wie braun das Brot werden soll. Bei diesen Toastern fließt der Strom durch einen Bimetallstreifen zu den Heizdrähten. Ist die gewünschte Temperatur erreicht, so hat sich der Bimetallstreifen auch so weit erhitzt, daß er sich zur Seite biegt. Dadurch schaltet er den Zeitschalter ein. Der Thermostat wird hier also nicht wie beim Bügeleisen zum Abschalten des Stroms verwendet. Den Zeitschalter hast du vorher bereits am Knopf für helleren oder dunkleren Toast eingestellt. Er läuft nun, bis das Brot so braun geröstet ist, wie du es haben wolltest, und schaltet dann automatisch den Toaster ab. Zugleich wird der Hebel gelöst, und eine Feder schnellt den Hebel und damit auch das Brot nach oben.

Beim **Gasherd** kocht und bäckt man mit der Hitze von Gasflammen. Das Gas strömt durch Leitungen zum Herd. Metallröhren im Herd leiten es zu den Brennern. Heizgas kann nur dann verbrennen, wenn es mit Luft gemischt ist; jede dieser Röhren hat deshalb ein Luftloch. In der Mitte zwischen den Brennern brennt ständig eine kleine Gasflamme, die sogenannte Zündflamme. Wenn du den Herd anstellst, beginnt Gas zum Brenner zu strömen. Ein wenig Gas dringt durch eine Verbindungsröhre auch zur Zündflamme und entzündet sich daran. Die Flamme schlägt durch diese Röhre zurück und zündet den Brenner. Bei einfacheren Herden muß man den Brenner selbst anzünden. Unter der Backröhre liegt ebenfalls ein großer Brenner. Von dort steigt die Hitze durch Öffnungen in die Backröhre. Oft wird die Backhitze durch einen Thermostat (siehe Seite 52) geregelt. Wenn die Backröhre zu heiß wird, biegt sich ein Bimetallstreifen so weit, daß er das Gasventil schließt.

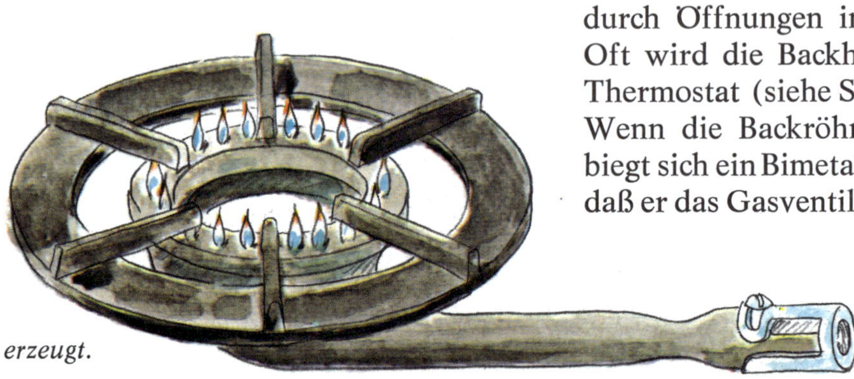

Im Brenner wird die Hitze durch einen Kranz von kleinen Flammen erzeugt.

Beim **Elektroherd** erhitzen Heizdrähte die Kochplatten und den Backofen. Die Heizdrähte liegen in einer Spirale in der Kochplatte. Wenn du die Platte einschaltest, beginnen die Drähte zu glühen. Im Backofen verlaufen die Heizdrähte in zwei dünnen Röhren. Die eine erhitzt den Backofen von unten, die andere von oben; dabei werden die Röhren rotglühend. Zum Backen dient vielfach die untere Heizröhre; sie erhitzt die Luft im Backofen. Mit der oberen Heizröhre kann man grillen; auch sie erhitzt die Luft und bräunt außerdem die Speisen von oben. Man kann natürlich auch die Unter- und Oberhitze zugleich verwenden.

Bei manchen Elektroherden wird die Temperatur der Kochplatten und des Backofens durch Thermostate reguliert. Die Thermostate schalten bei zu großer Hitze den Strom ab und schalten ihn wieder ein, wenn die Temperatur zu niedrig wird. Dadurch kann eine gleichbleibende Temperatur des Koch- und Backguts erzielt werden.

Die Heizdrähte glühen. Dadurch wird die Kochplatte sehr heiß.

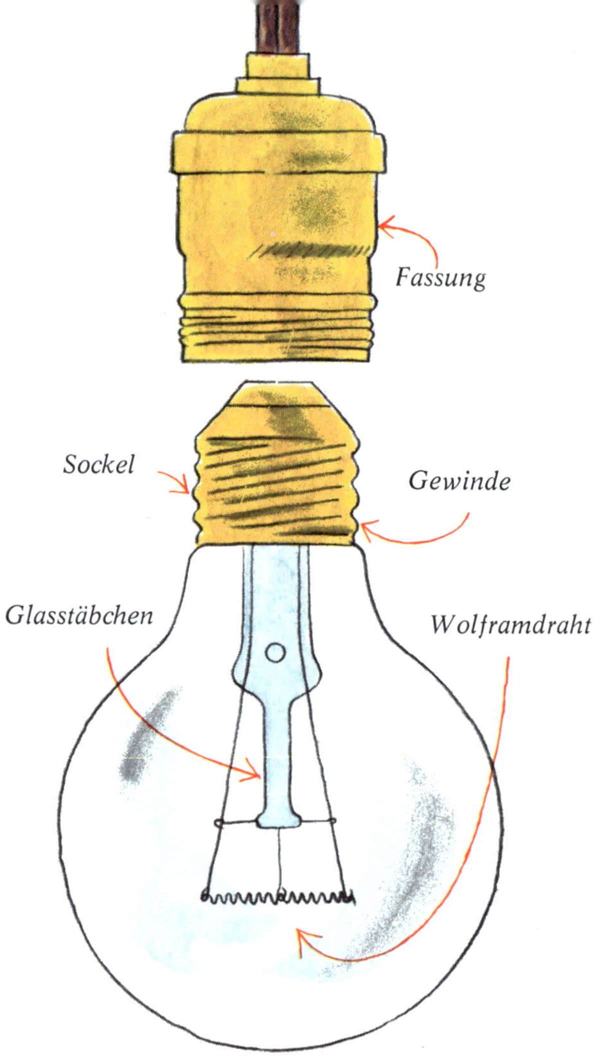

Zum Ein- und Ausschalten der Lampe dienen meistens in die Wand eingebaute Schalter. Eine Leitung mit zwei Drähten führt zur Lampe. In einem fließt der Strom zur Birne und im anderen zurück. Einer der Drähte führt über den Schalter. Sobald dort die Verbindung unterbrochen wird, fließt kein Strom.

Im Innern einer **Glühbirne** sind an einem Glasstäbchen feine Drahtstützen befestigt. An ihnen ist ein sehr dünnes Drähtchen, der sogenannte Glühdraht, aufgehängt. Dieser Draht besteht aus Wolfram, einem Metall, das sehr große Hitze aushalten kann. Die Birne ist nicht mit Luft gefüllt, weil sonst der Glühdraht sehr schnell durchbrennen würde. Bevor die Glühbirne zugeschmolzen wird, pumpt man die Luft heraus und füllt statt dessen ein anderes Gas ein.

Wenn man eine Glühbirne einschaltet, fließt der Strom durch einen der Stützdrähte zum Glühdraht, dann durch den Glühdraht hindurch und durch einen anderen Stützdraht wieder ab. Genau wie die Heizdrähte beim Toaster wird auch hier der Glühdraht erhitzt, wenn Strom hindurchfließt. Die Drähte im Toaster werden höchstens rotglühend. Der Glühdraht in der Birne wird aber viel heißer — so heiß, daß er weiß glüht und helles Licht ausstrahlt.

Der berühmte Erfinder Thomas Edison entwickelte die erste brauchbare Glühbirne. Er machte sehr viele Versuche, um ein Material zu finden, das hell glühte und doch lange hielt. Schließlich gelang dies mit Wolfram.

Das elektrische Licht macht es möglich, daß heutzutage bei Nacht oft genausoviel Leben herrscht wie bei Tage.

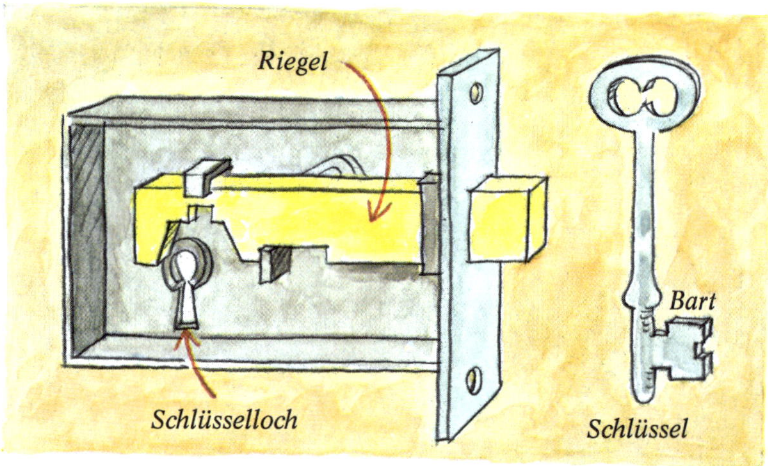

Bei einem einfachen **Türschloß** wird ein Riegel vor- oder zurückgeschoben, wenn man den Schlüssel im Schloß dreht. Dies ist nur mit dem dafür bestimmten Schlüssel möglich. Kleine Zacken am sogenannten Bart des Schlüssels drücken Sperren im Schloß beiseite; nun läßt sich der Schlüssel ganz herumdrehen. Er greift in den Riegel ein und schiebt ihn in ein Loch im Türrahmen; die Tür ist dann verschlossen. Dreht man anders herum, so wird der Riegel zurückgeschoben und die Tür aufgeschlossen.

Bei einem **Zylinderschloß** benützt man einen flachen Schlüssel, bei dem seitlich Rillen und an einer Kante Kerben eingeschnitten sind. Wenn die Rillen mit dem Schlüsselloch übereinstimmen, läßt sich der Schlüssel in den Zylinder (den drehbaren Teil des Schlosses) stecken. Der Schlüssel schiebt sich unter eine Reihe von zweigeteilten Stiften. Jeder ist an einer anderen Stelle unterteilt und wird von den Kerben des Schlüssels mehr oder

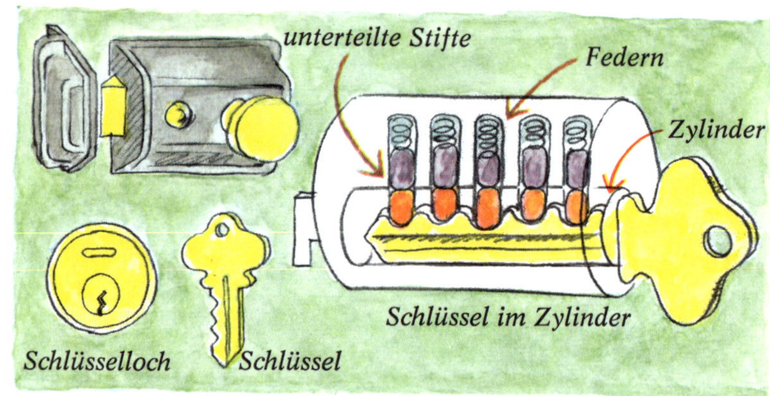

weniger weit hochgedrückt. Nur ein passender Schlüssel verschiebt die Stifte so, daß sie genau am Rand des Zylinders unterteilt sind. Dann läßt sich der Zylinder drehen, und er bewegt den Türriegel.

Ein **Banktresor** hat ein Kombinationsschloß und ein Zeitschloß. Dies sind Schlösser ohne Schlüssel. Um ein Kombinationsschloß zu öffnen, muß man eine bestimmte Zahlenfolge — die Kombination — kennen. In dieser Folge dreht man eine Nummernscheibe. Dadurch stellt man im Innern des Schlosses drei eingekerbte Scheiben so ein, daß die Kerben in einer Reihe stehen. Nur dann löst sich die Sperre des Kombinationsschlosses. Der Tresor ist aber immer noch durch das Zeitschloß gesichert und läßt sich erst öffnen, wenn eine vorbestimmte Zeit abgelaufen ist.

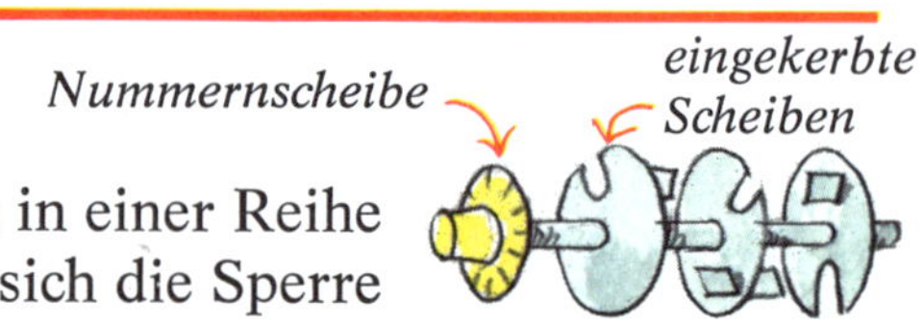

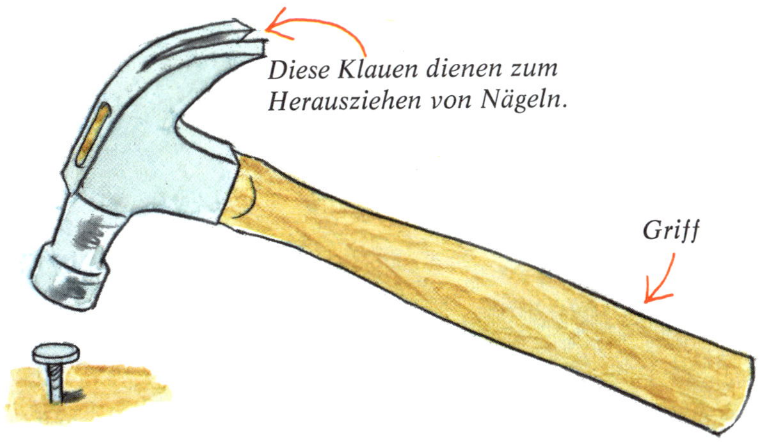

Ein **Hammer** hat einen langen hölzernen Stiel. Wenn du den Hammer am Stielende hältst und mit dem Eisenkopf einen Nagel einschlägst, bewegt sich deine Hand nur wenig. Der Kopf am anderen Ende des Stieles bewegt sich dagegen viel schneller und in einem weiten Bogen. So wird der Nagel mit viel größerer Wucht getroffen, als wenn du es zum Beispiel mit einem Stein versuchst. Der lange Stiel erleichtert also das Hämmern.

Am Griff der **Säge** sitzt ein dünnes Stahlblatt mit vielen spitzen Zähnen. Wenn du dir die Zähne genau ansiehst, stellst du fest, daß sie wie kleine Meißel aussehen. Beim Sägen meißelt jeder Zahn Holzstückchen ab, die als Sägemehl zu Boden fallen. Die Zähne sind abwechselnd nach rechts und links gebogen, so daß der Schnitt im Holz breiter ist als das Sägeblatt. Deshalb gleitet die Säge leicht hin und her.

Ein **Holzbohrer** hat zwei Schneidkanten, die sich wie Wendeltreppen um den Bohrer winden. In der Mitte sitzt eine spitze Schraube. Die Spitze kann man genau dort ansetzen, wo der Mittelpunkt des Lochs sein soll. Wenn du nun den Griff der Bohrwinde drehst, so dringt zunächst die Schraube ins Holz. Dann beginnen die messerartigen Schneidkanten, das Holz in Spänen herauszuschneiden. Die Späne rutschen in den Spiralen nach oben und fallen dann heraus.

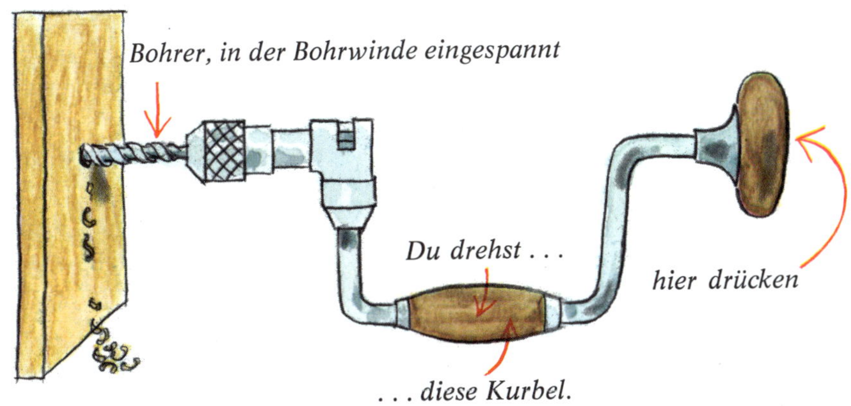

Einen **Hobel** benützt man zum Ebnen und Glätten oder wenn man nur ganz wenig Holz wegnehmen will, zum Beispiel bei einer Tür, die klemmt. Das ginge auch mit dem Taschenmesser, aber der Hobel schneidet gleichmäßiger. Er hat eine völlig ebene, glatte Sohle mit einem Querschlitz, durch den ein breites, scharfes Messer ein wenig hervorsteht. Mit dem hinteren Griff schiebst du den Hobel vorwärts, und mit dem vorderen drückst du ihn fest aufs Holz. Wenn der Hobel über das Holz gleitet, schneidet das Messer einen dünnen Span ab. Je weiter das Messer unten heraussteht, desto dickere Späne werden gehobelt. Der Hobel gleitet dann aber auch viel schwerer über das Holz.

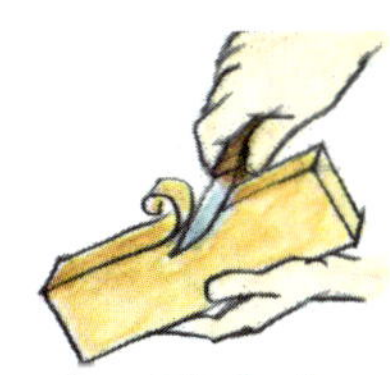

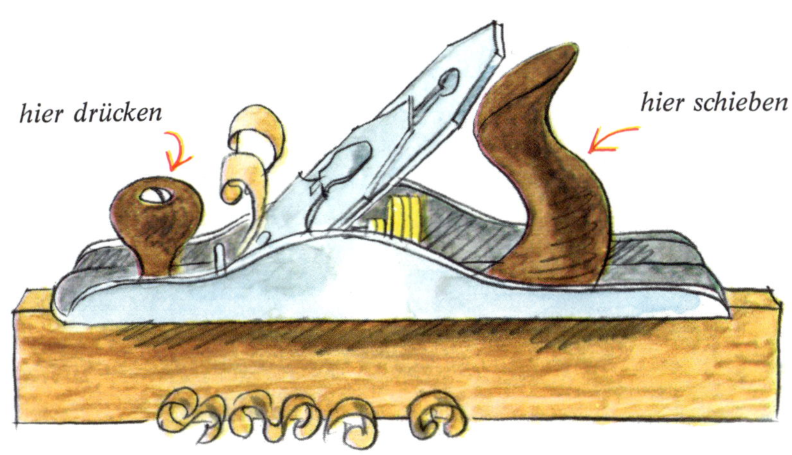

Eine **Schreibmaschine** hat vier wichtige Teile:
1. Tasten mit Buchstaben, Zahlen oder anderen Zeichen.
2. Hebel, die am Ende kleine Metallstempel mit Buchstaben, Zahlen oder Zeichen tragen. Diese Stempel nennt man Typen. Jede Taste ist mit einem Typenhebel verbunden.
3. Der hin- und hergleitende Wagen, mit einer Gummiwalze, über die das Papier läuft.
4. Das Farbband, das vor der Walze eingespannt ist.

Drückst du auf die Taste »a«, dann bewegt sich der Hebel mit der Type »a« so, wie es die Zeichnung oben zeigt. Die Type schlägt auf das Farbband und preßt es kurz auf das Papier. Dadurch wird dort ein »a« abgedruckt. Der Hebel fällt sofort wieder zurück, und der Wagen rückt um eine Buchstabenbreite nach links weiter. Wenn du am Zeilenende angekommen bist, schiebst du den Wagen mit dem Zeilenschalthebel wieder nach rechts. Dabei dreht sich zugleich die Walze und schiebt das Papier um eine Zeile weiter nach oben.

Der **Füllfederhalter.** Als man noch mit Federhaltern schrieb, gehörte auch das Tintenfaß auf den Schreibtisch. Die Tinte in der Feder war fast nach jeder Zeile aufgebraucht, so daß man immer wieder eintauchen mußte. Der Füllfederhalter hat in seinem Innern einen Tintenvorrat, der für viele Seiten reicht.
Kolbenfüller füllt man aus dem Tintenfaß. Mit einem Drehknopf schiebt man den Kolben im Innern zur Feder hin. Dann taucht man die Feder ein und dreht den Kolben wieder zurück. Dabei saugt sich der Füller voll Tinte.
Patronenfüller, wie der auf dem Bild, werden heute viel verwendet. Man setzt eine volle Tintenpatrone ein, und wenn sie leergeschrieben ist, tauscht man sie gegen eine neue aus.
Wie läuft die Tinte zur Federspitze, ohne zu tropfen? Du weißt, daß kleinere Wasserspritzer an einem Spiegel haften und nur langsam herunterlaufen. Ebenso haftet Tinte an den Wänden der dünnen Tintenkanäle, und es läuft nur soviel nach, wie auf dem Papier verbraucht wird.

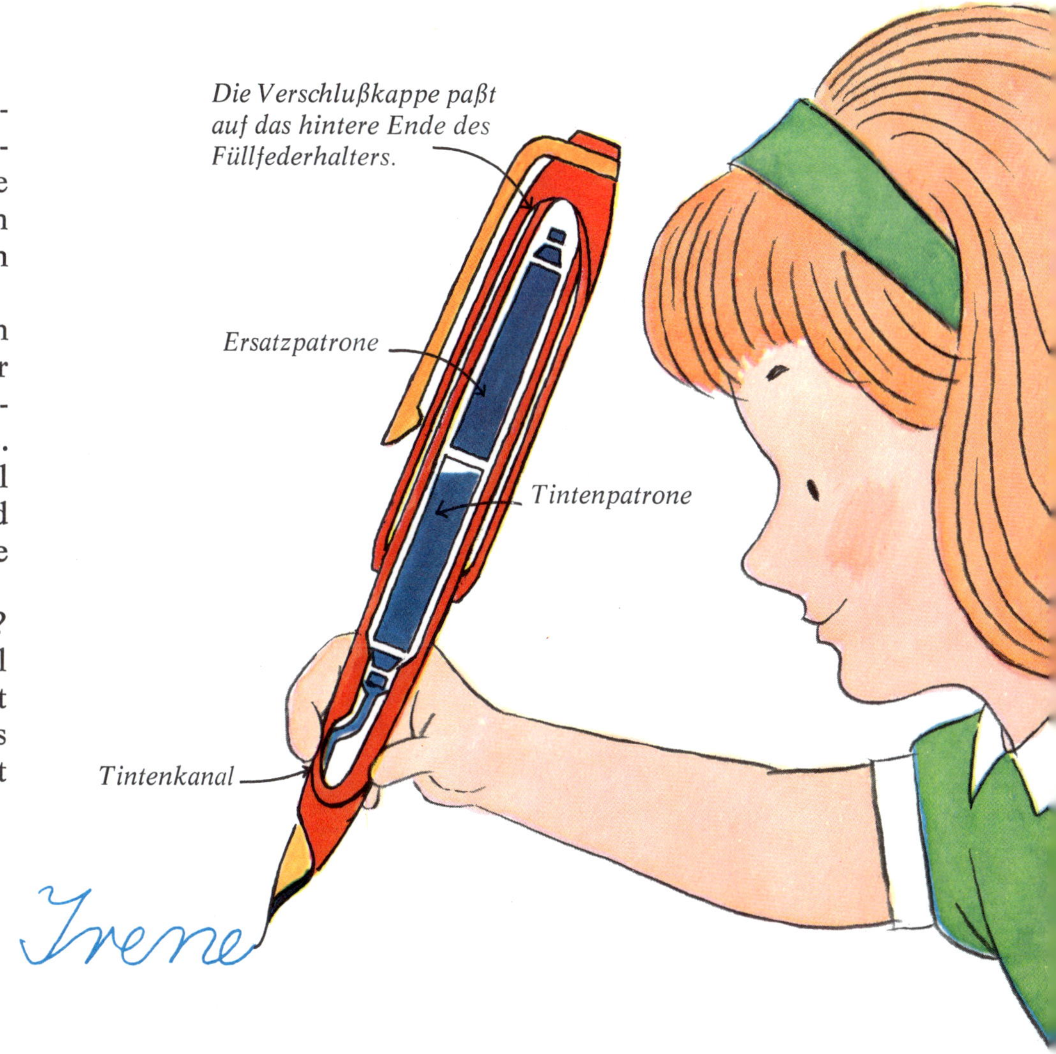

Beim **Kugelschreiber** befindet sich der Farbvorrat im Innern eines dünnen Metall- oder Plastikröhrchens, der sogenannten Mine. Wenn sie leergeschrieben ist, tauscht man sie gegen eine neue aus. In der Schreibspitze der Mine steckt eine winzige Kugel, die sich dreht, wenn du über das Papier fährst. Dabei nimmt die Kugel von innen Farbe mit und rollt sie auf dem Papier ab. Die verwendete Farbe ist nicht Tinte, sondern eine dickflüssige Farbpaste.

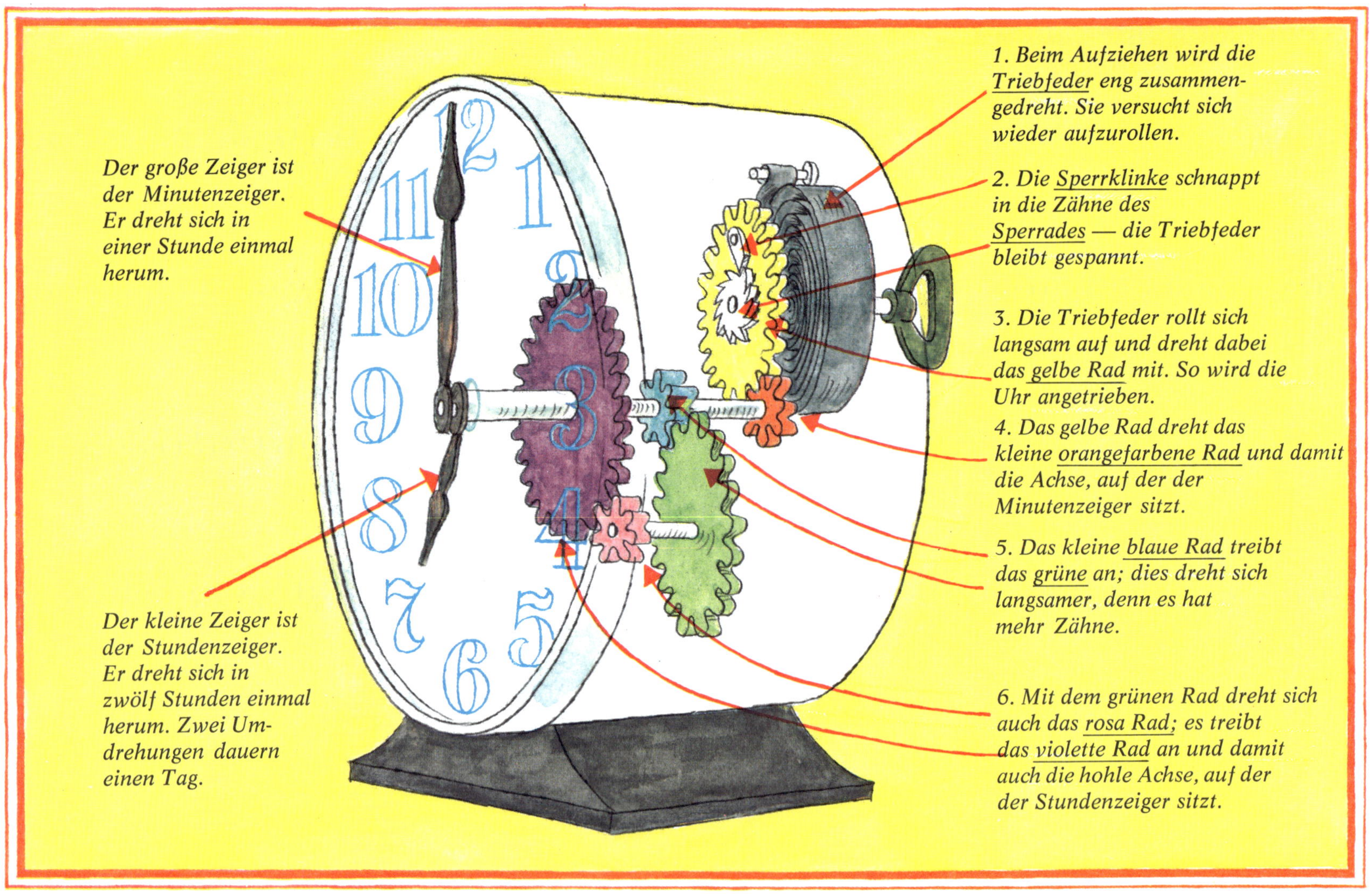

Jede **Uhr** braucht eine Antriebskraft, um sie in Bewegung zu setzen, und eine Steuerung, die dafür sorgt, daß die Uhr weder zu schnell noch zu langsam läuft. Bei manchen Uhren dient ein Gewicht als Antriebskraft und ein schwingendes Pendel zur Steuerung. Bei kleineren Uhren verwendet man eine Stahlfeder als Antrieb und eine zweite zur Steuerung (die Spirale).

Die Abbildung oben zeigt, wie die Antriebsfeder die Zeiger dreht. Auf der nebenstehenden Abbildung kannst du sehen, wie die Spirale die Schwingungen der Unruh steuert. Sie sorgt dafür, daß die Unruh in einer Minute genau die richtige Zahl von Hin- und Herdrehungen macht. Jedesmal greifen dabei die Stifte des Ankers in die Zähne des Ankerrades, das sich deshalb nur langsam, Zahn für Zahn, weiterdrehen kann. Das Ankerrad wirkt also als Bremse, die verhindert, daß die Uhr wie ein Aufziehspielzeug in kurzer Zeit abgelaufen ist. Die Drehung des Ankerrades wird auf das grüne Rad übertragen, das du in beiden Abbildungen sehen kannst. Dieses Rad verbindet Antrieb und Steuerung mit den Zahnrädern, die die Zeiger drehen.

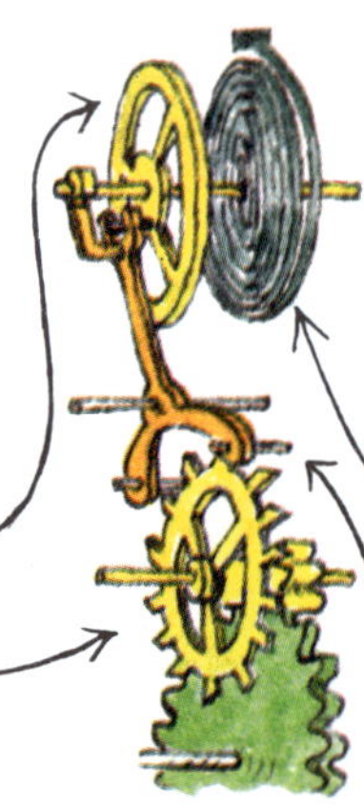

Es gibt Uhren, die nicht nur die Zeit anzeigen, sondern auch Tag, Monat und Jahr. Manche sind mit Figuren geschmückt, die Glocken anschlagen oder tanzen.

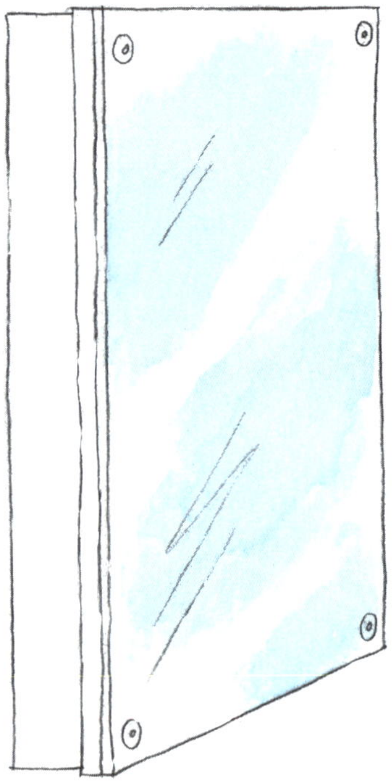

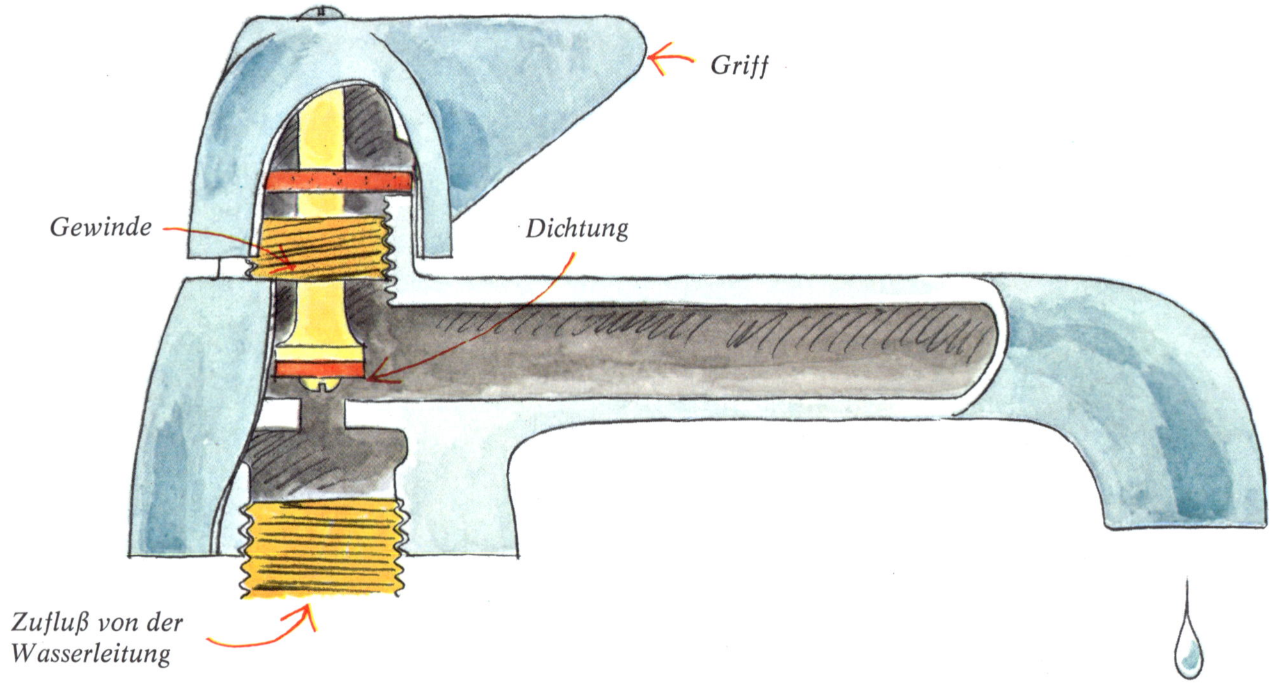

Der **Wasserhahn.** Da die Wasserleitungen in deinem Haus immer voll Wasser sind, braucht man Wasserhähne, mit denen man es zurückhalten oder herauslassen kann. Ein Hahn hat im Innern eine Trennwand mit einem Loch. Drehst du ihn zu, so wird eine Gummischeibe — die Dichtung — fest auf diese Öffnung in der Trennwand gepreßt. Das Wasser kann jetzt nur bis zur Dichtung dringen, aber nicht hindurchfließen. Die Dichtung ist an einer Achse befestigt, an der auch der Drehgriff sitzt. Diese Achse hat ein Schraubengewinde und läßt sich daher wie eine Schraube heraus- und hineindrehen. Eine solche Achse nennt man Spindel. Wenn du den Hahn aufdrehst, wird die Spindel nach oben geschraubt. Sie zieht die Dichtung von dem Loch weg. Das Wasser kann nun hindurch und fließt aus dem Hahn heraus.

Die Toilette. Wenn man eine Toilette, wie die auf dem Bild, spült, so geschieht folgendes: Das Wasser aus dem Wasserbehälter läuft in das Becken. Der Behälter füllt sich daraufhin wieder von selbst. Das Wasser im Becken verschwindet im Abflußrohr.

Wenn du den Hebel der Spülung herunterdrückst, wird eine Dichtung hochgezogen, die fest auf der Rohrmündung unten im Wasserbehälter sitzt. Das Wasser strömt nun durch das Rohr und spült das Becken. In dem Behälter ist an einem beweglichen Arm ein Schwimmer befestigt, der auf dem Wasser liegt. Sowie das Wasser abläuft, sinkt auch der Schwimmer. Der Hebelarm bewegt sich nach unten und öffnet dabei den Einlaufhahn, so daß Wasser in den Behälter nachfließt. Gleichzeitig senkt sich die Dichtung wieder auf die Rohrmündung. Der Wasserspiegel steigt und hebt den Schwimmer mit nach oben. Wenn der Behälter voll ist, drückt der Schwimmerarm den Einlaufhahn zu.

Das Wasser steigt im Becken, bis es über die erste Krümmung im Abflußrohr hinweglaufen kann. Wenn es dann im Abfluß nach unten strömt, saugt es das Wasser aus dem Becken mit hinunter. Ist das Becken leer, so kann Luft in den Abfluß einströmen. Die Saugwirkung hört auf, und das Becken füllt sich wieder ein wenig.

Mit einer **Waage** stellst du fest, wieviel du wiegst. Die Waage funktioniert ähnlich wie eine Wippe. Du kannst eine Wippe dazu benützen, um dein Gewicht mit dem deiner Freundin zu vergleichen. Du setzt dich aufs eine Ende. Deine Freundin klettert in der Mitte auf die Wippe und rückt so weit zum anderen Ende, bis die Wippe im Gleichgewicht ist. Sitzt deine Freundin dann näher am Ende als du, so ist sie leichter als du. Sitzt sie jedoch näher zur Mitte, so ist sie schwerer. – Auf der Waage vergleichst du dein Gewicht mit dem Gewichtsmaß, das überall bekannt ist, dem Kilogramm.
Wenn du dich auf die Waage stellst, so drückt dein Gewicht einen Hebel unter der Trittfläche nach unten. Diese Kraft wird über mehrere Hebel und Zugstangen übertragen. Sie zieht das eine Ende des Waagebalkens nach unten. Wie bei einer Wippe geht das andere Ende nach oben. Du schiebst nun die Gewichte auf dem Waagebalken so weit zu diesem Ende hin, bis der Waagebalken im Gleichgewicht ist (genauso, wie deine Freundin auf der Wippe weiter zum Ende rutschte). Die Zahlen auf dem Waagebalken, bei denen die Gewichte nun stehen, geben an, wieviel du wiegst.

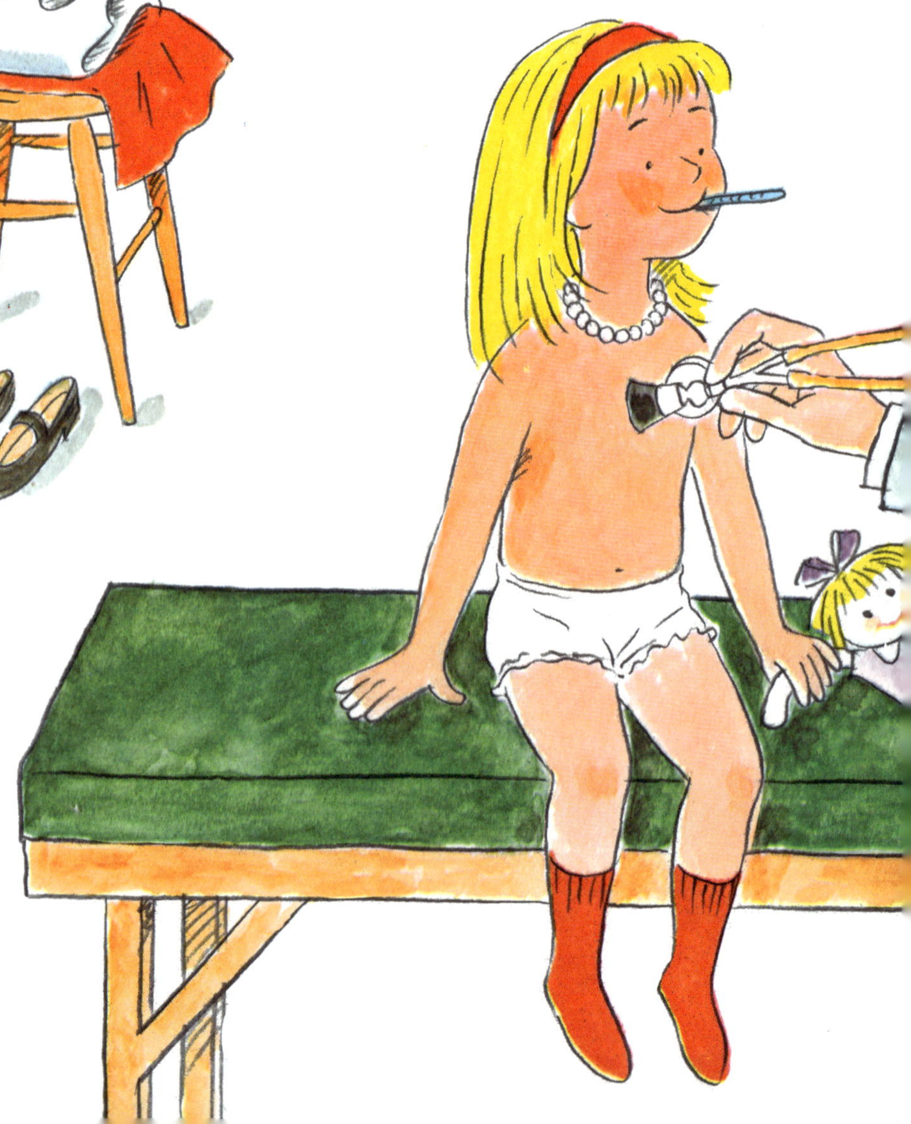

Mit einem **Fieberthermometer** kannst du deine Körpertemperatur messen. Wärme wird in Grad gemessen; die normale Körpertemperatur beträgt ungefähr 37 Grad. Ist die Temperatur jedoch höher, so ist dein Körper zu warm — du hast Fieber.
Im Fieberthermometer liegt ein ganz dünnes Glasröhrchen, das am einen Ende mit einem kleinen, stiftförmigen Behälter verbunden ist. Dieser Behälter ist mit silbrig glänzendem Quecksilber oder mit gefärbtem Alkohol gefüllt. Die Flüssigkeit (Quecksilber oder Alkohol) dehnt sich aus, wenn sie erwärmt wird, und dringt dann in das Glasröhrchen. Unter dem Röhrchen ist eine Skala angebracht, das heißt eine Reihe von Strichen und Zahlen. Schon beim kleinsten Temperaturanstieg ändert sich die Höhe der Flüssigkeit im Röhrchen beträchtlich, so daß man die Wärmegrade an der Skala leicht ablesen kann.

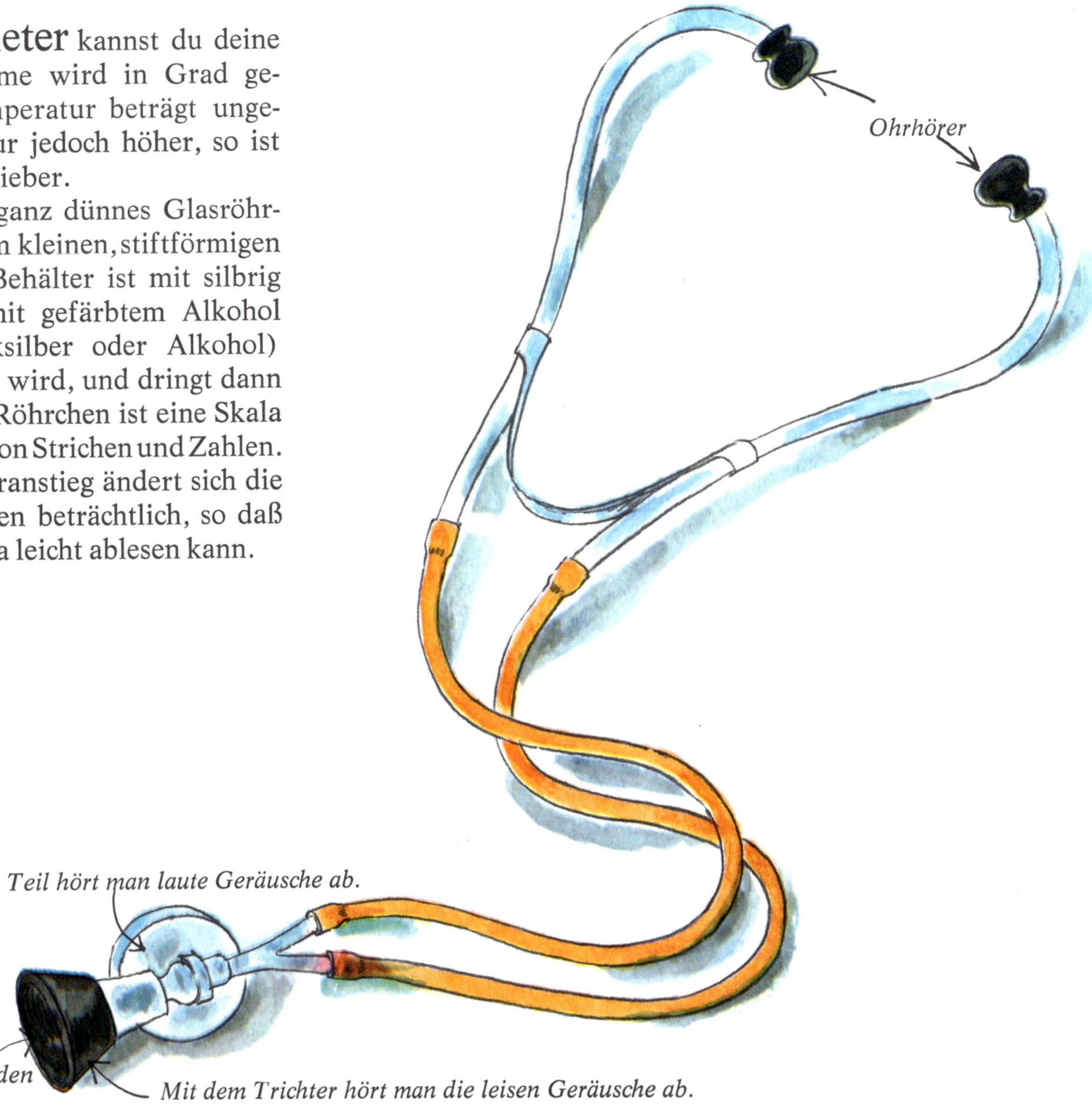

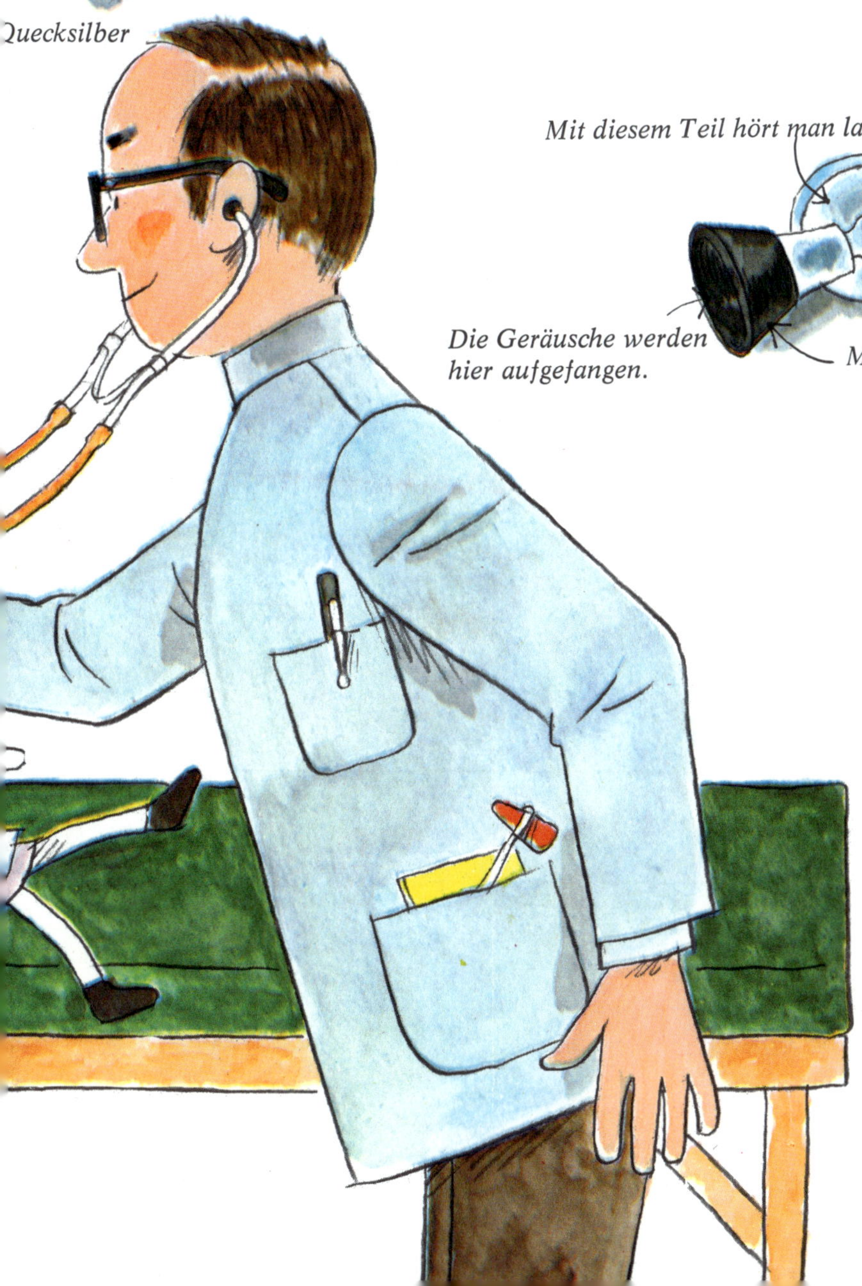

Mit dem **Stethoskop** kann der Arzt zum Beispiel deinen Herzschlag oder das Atmen der Lungen hören. Dazu drückt er das trichterförmige Ende fest gegen deinen Körper, so daß keine Geräusche von außen aufgenommen werden können. Der Trichter fängt die Körpergeräusche auf und leitet sie weiter. Durch zwei Gummischläuche und die Ohrhörer gelangen sie zum Ohr des Arztes. Die Ohrhörer passen so genau, daß nur die Geräusche aus dem Stethoskop zu hören sind.
Wenn du eine Erkältung hast, klingt dein Atmen ganz anders, als wenn du gesund bist. So kann der Arzt feststellen, wie stark du erkältet bist.

Saiteninstrumente. Alle Töne, die du hörst, sind Schwingungen der Luft, die wie Wellen an dein Ohr kommen (Schallwellen). Je schneller dabei die Luft schwingt, desto höher ist der Ton, den du vernimmst. Bei einer großen Gruppe von Musikinstrumenten werden diese Schwingungen von Saiten erzeugt. Je dünner, kürzer oder straffer eine Saite ist, desto schneller schwingt sie, und desto höher ist der Ton.

Die Saiten im **Klavier** sind Drähte, die auf einen Metallrahmen gespannt sind. Sie werden von Hämmerchen angeschlagen und dadurch zum Schwingen gebracht. Die kleine Zeichnung unten zeigt, wie dies funktioniert. Wenn du die Taste anschlägst, wird der Dämpfer angehoben. Die Saite kann nun frei schwingen. Das Hämmerchen schlägt gegen die Saite und fällt sofort wieder zurück. Die Saite schwingt und tönt, solange der Dämpfer angehoben bleibt. Erst wenn du die Taste losläßt, fällt der Dämpfer auf die Saite zurück, und der Ton verklingt.
Die Saiten schwingen jedoch nicht stark genug, um von sich aus einen kräftigen Klang zu erzeugen. Deshalb liegt unter den Saiten der sogenannte Resonanzboden. Dies ist eine dünne Holzplatte, die mitschwingt und dadurch den Klang lauter und voller macht.

Alle Töne entstehen durch Schwingungen. Wenn du ein Gummiband anzupfst, schwingt es und erzeugt in der Luft Schallwellen.

Die 88 Tasten des Klaviers unterscheiden sich in Farbe und Form, damit man beim Spielen die richtigen Tasten leichter findet.

Was beim Anschlagen der Taste geschieht.

Im Ohr treffen die Schallwellen auf das Trommelfell. Es schwingt und bewegt die Gehörknöchelchen, die im Innenohr eine Flüssigkeit erzittern lassen. Von dort führen die Gehörnerven zum Gehirn.

Eine **Geige** ist mit vier gleich langen, aber verschieden dicken Saiten bespannt. Die dickste Saite schwingt langsam und erzeugt die tiefen Töne. Die dünnste Saite schwingt schnell; auf ihr spielt man die hohen Töne. Die Saiten sind am Saitenhalter befestigt und laufen von dort über den Steg zu den vier Wirbeln, mit denen sie gespannt werden. Wenn du mit dem Geigenbogen über die Saiten streichst, reiben die Roßhaare des Bogens an den Saiten und bringen sie zum Schwingen. Durch den Steg werden die Schwingungen an den Geigenkörper weitergegeben, der den Klang verstärkt. Willst du auf einer Saite höhere Töne spielen, so drückst du sie mit dem Finger fest auf das Griffbrett. Der schwingende Teil der Saite ist nun kürzer, und damit wird der Ton höher.

Eine **Harfe** ist mit 47 Saiten bespannt und hat mehrere Pedale. Die vorderen Saiten sind lang und dick; sie erzeugen tiefe Töne. Auf den hinteren Saiten, die kürzer und dünner sind, spielt man die höheren Töne.
Der Harfenist zupft die Saiten mit beiden Händen. Dabei kann er sie zugleich mit den Fußpedalen stärker spannen. So wird ihr Klang um einen halben oder einen ganzen Ton höher. Auch die Harfe hat einen Resonanzkörper, der mit den Saiten mitschwingt.

Bei **Blasinstrumenten** werden die Töne dadurch erzeugt, daß die Luft im Instrument zum Schwingen gebracht wird. Man spricht von einer schwingenden Luftsäule. Je kürzer diese Luftsäule ist, desto rascher schwingt sie, und desto höher ist auch der Ton. — Wenn du über die Öffnung einer leeren Flasche bläst, so schwingt die Luftsäule in der Flasche, und es entsteht ein Ton. Wenn du etwas Wasser einfüllst, wird die Luftsäule kürzer und der Ton höher. Bei Blasinstrumenten kann man die Länge der schwingenden Luftsäule verändern.

Die **Tuba** ist ein vielfach gewundenes, sehr langes Rohr. Wenn man in das Mundstück bläst, schwingen die Lippen und bringen die Luft in der Tuba zum Tönen. Verschieden hohe Töne kommen dadurch zustande, daß man Ventile drückt, die die Länge der Luftsäule verändern.

Die **Klarinette** ist ein Blasinstrument aus Holz — ähnlich wie die Blockflöte. Die Schwingungen der Luft werden bei diesem Instrument nicht durch die Lippen erzeugt, sondern durch eine dünne Zunge aus Rohr, die am Mundstück festgeklemmt ist. Wenn man diese Zunge anbläst, so schwingt sie — man sagt auch, sie vibriert. Die Luftsäule in der Klarinette schwingt mit, und ein Ton entsteht. In die Klarinette sind in Abständen Löcher gebohrt, die der Klarinettist zudrücken kann. Durch die offenen Löcher entweicht die Luft. So kann er die Länge der schwingenden Luftsäule und damit die Tonhöhe verändern.

In der **Mundharmonika** gibt es für jeden Ton eine Metallzunge. Diese Zungen sind verschieden lang. Die langen Zungen erzeugen tiefe Töne, die kurzen hohe Töne. Sie sind über und unter den Einblasöffnungen befestigt. Wenn du in die Mundharmonika hineinbläst, schwingen die oberen Zungen. Wenn du die Luft einziehst, schwingen die unteren Zungen, und andere Töne erklingen.

So sieht es unter dem Deckel der Harmonika aus.

Diese Zungen vibrieren, wenn du in die Schlitze bläst.

Aus zwei Konservenbüchsen kannst du ein einfaches Telefon basteln. Bei beiden Büchsen bohrst du in die Mitte des Bodens ein kleines Loc

Deine Stimme läßt den Boden der Büchse schwingen, wenn du hineinsprichst. In der straff gespannten Schnur wandern die Schwingungen weiter.

Das **Telefon** arbeitet ähnlich wie das selbstgebastelte Schnurtelefon. Beim Schnurtelefon werden die Sprechgeräusche als Schwingungen in der Schnur weitergeleitet; das ist jedoch nur bei kleinen Entfernungen möglich. Beim richtigen Telefon werden dagegen die Geräusche in elektrische Signale umgewandelt, die durch Leitungsdrähte über große Entfernungen weitergegeben werden können. Wenn du mit deinem Freund telefonierst, werden diese elektrischen Signale in seinem Telefonhörer wieder in Sprechgeräusche zurückverwandelt.

Was geht dabei im einzelnen vor sich? Die Sprechgeräusche, die du mit deinen Stimmbändern, den Lippen und der Zunge hervorbringst, sind Schallwellen, also sehr rasche Druckschwankungen der Luft.

In der Sprechmuschel des Telefonhörers ist eine flache

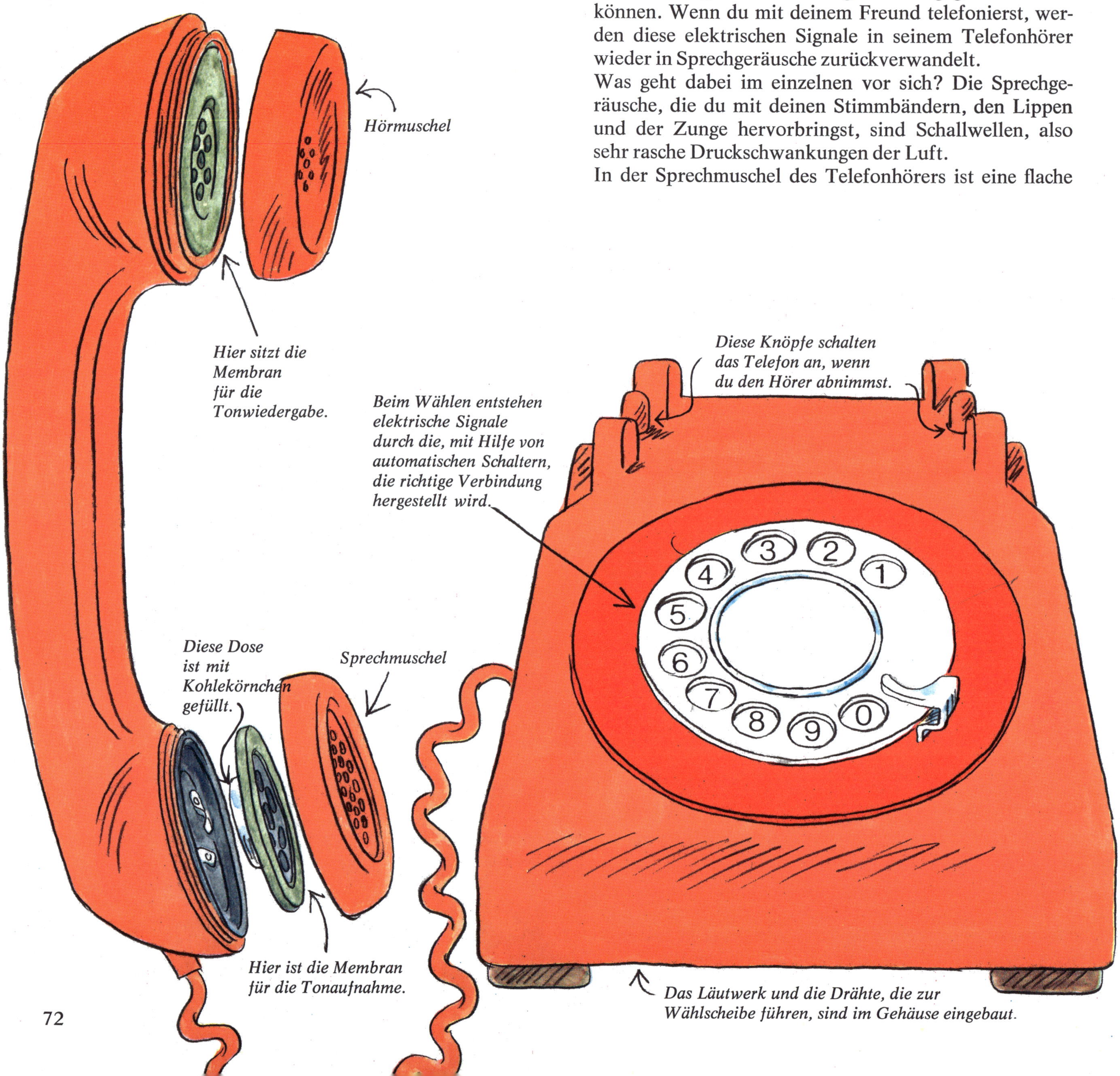

Ziehe eine Schnur durch die Löcher und befestige sie innen mit einem Knoten. — Fertig!

Die durch die Schnur kommenden Schwingungen übertragen sich auf den Boden der zweiten Büchse. Aus der Büchse tönt deine Stimme.

Dose eingebaut, die mit einer dünnen Metallscheibe, einer sogenannten Membran, verschlossen ist. Diese Dose ist mit Kohlekörnchen gefüllt, durch die Strom geleitet wird. Sobald nun Druckschwankungen (Töne) auf die Membran treffen, schwingt sie vor und zurück. Dadurch wird die Kohle abwechselnd stärker oder schwächer zusammengedrückt. Wenn die Körnchen stark zusammengedrückt sind, fließt der Strom leichter hindurch, als wenn sie lockerer liegen. So entstehen Stromschwankungen, die genau den Druckschwankungen der Luft vor der Membran entsprechen. Durch einen Leitungsdraht fließt der Strom mit diesen Schwankungen zur Hörmuschel im Telefon deines Gesprächspartners. Dort geht der Strom durch einen kleinen Elektromagnet, vor dem ebenfalls eine Membran angebracht ist. Sie wird aufgrund der Stromschwankungen abwechselnd stärker oder schwächer angezogen. Die Membran schwingt also hin und her, und zwar genauso wie die in deiner Sprechmuschel. So werden am anderen Ende der Leitung von der schwingenden Membran wieder die gleichen Druckschwankungen erzeugt, die als Schallwellen das Ohr deines Freundes erreichen.

Das Telefon macht es möglich, mit Menschen in fast allen Teilen der Erde zu sprechen — wenn man ihre Sprache kennt.

Auf dem Land laufen die Leitungsdrähte entweder offen über Leitungsmasten oder in unterirdischen Kabeln. Die Kontinente sind durch Telefonkabel auf dem Meeresgrund miteinander verbunden.

Es gibt schon Telefone, bei denen man den Gesprächspartner auf einem kleinen Bildschirm sehen kann.

Der **Rundfunk.** Die Stimmen der Sprecher im Radio und die Musik kommen ohne Stromverbindung in dein Radiogerät. Dazu verwendet man sogenannte elektromagnetische Wellen, die sich mit Lichtgeschwindigkeit ausbreiten. Diese Wellen sind unsichtbar und unhörbar. Man kann aber mit ihnen elektrische Signale (Stromschwankungen) übertragen, die im Empfänger wieder in Töne verwandelt werden.

Die Sendeanlage einer Rundfunkstation erzeugt starke elektromagnetische Trägerwellen, die von einer Sendeantenne ausgestrahlt werden. Meistens dient dazu ein hoher Turm.

Das Mikrofon des Ansagers in der Sendestation funktioniert genauso wie die Sprechmuschel eines Telefons (Seite 72). Es verwandelt die Sprechgeräusche in Stromschwankungen. Mit diesen Schwankungen läßt man im Sender die Trägerwellen stärker oder schwächer werden. Auf diese Weise gibt man ihnen die elektrischen Signale mit. Die Wellen breiten sich ständig nach allen Richtungen hin aus — wie die Wellenringe, wenn du einen Stein ins Wasser wirfst. Noch nach Hunderten von Kilometern sind diese Schwingungen stark genug, um von einer Empfangsantenne aufgefangen zu werden. Um uns sind ständig Wellen der verschiedensten Sender, die sich aber alle durch ihre Wellenlänge (das ist die Entfernung von Welle zu Welle) unterscheiden. So kannst du dein Radio auf eine bestimmte Wellenlänge und damit auf einen bestimmten Sender einstellen.

Guglielmo Marconi erfand als erster eine Möglichkeit zur drahtlosen Übertragung von Signalen.

Die elektromagnetischen Wellen breiten sich vom Sendeturm in immer weiteren Kreisen aus.

Das Mikrofon verwandelt Geräusche in elektrische Signale.

Das **Radiogerät** ist mit einer Empfangsantenne verbunden; oft ist sie auch eingebaut. Diese Antenne nimmt elektromagnetische Wellen auf. Dabei entstehen in ihr schwache elektrische Signale, die denen entsprechen, die von den Sendern ausgestrahlt werden. Die Antenne nimmt jedoch viele Wellen auf, und nicht nur die, die du empfangen möchtest. Sie gibt ein Durcheinander der verschiedensten elektrischen Signale an das Radio weiter. Deshalb mußt du das Gerät auf die Trägerwelle des Senders einstellen, den du hören möchtest. Im Radio werden nun die elektrischen Tonsignale von der Trägerwelle getrennt und, weil sie sehr schwach sind, durch Röhren oder Transistoren verstärkt. Den Verstärker regulierst du mit dem Lautstärkeknopf. Die verstärkten Stromschwankungen werden zum Lautsprecher geleitet.

Der Lautsprecher funktioniert ähnlich wie die Hörmuschel des Telefons (Seite 73). Seine Membran besteht meistens aus einer schüsselförmigen Kartonscheibe mit einem Elektromagnet in der Mitte. Durch die Stromschwankungen wird die Membran vom Elektromagnet stärker oder schwächer angezogen. Auf diese Weise erzeugt die schwingende Kartonscheibe Druckschwankungen in der Luft, die als Töne dein Ohr erreichen. Die ganze Übertragung vom Mikrofon im Sender bis zu dir dauert nur Bruchteile von Sekunden.

In den meisten Radios werden heute an Stelle von Röhren Transistoren verwendet. Sie sind viel kleiner als Röhren, halten länger und brauchen keine Anheizzeit.

Als es solche Radios gab . . . sahen die jungen Leute so aus.

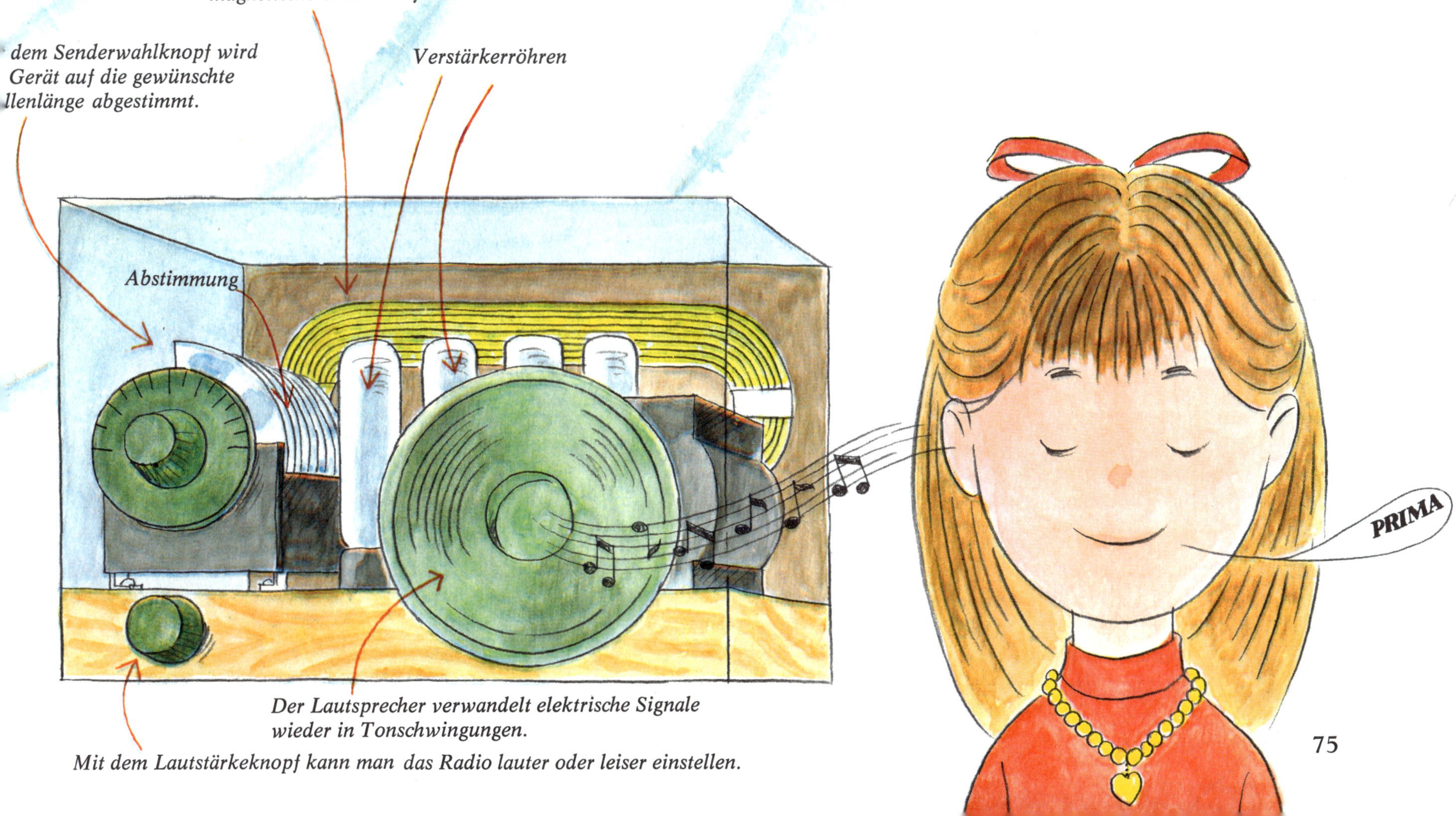

Die **Schallplatte.** Bevor es gelang, die Schallwellen aufzuzeichnen und damit festzuhalten, konnte man Musik nur dort hören, wo gerade musiziert wurde. Die Erfindung der Schallplatte und des Tonbands macht es heute möglich, Musik beliebig oft zu hören, wo und wann man will.

Im Aufnahmestudio verwandelt das Mikrofon die Musik in elektrische Signale, die verstärkt und auf ein Tonband aufgenommen werden. Dann hören sich die Musiker und Tontechniker das Band an. Sie gleichen die Tonstärke und Klangfülle der einzelnen Instrumente und Stimmen aus. Manchmal nehmen sie auf dasselbe Band noch nachträglich Musik auf. Sind sie mit der Aufnahme zufrieden, so wird sie in die Schallplatten-Schneidemaschine überspielt (elektrisch übertragen). Auf dieser Maschine dreht sich eine Kunststoffplatte. Eine Schneidenadel gräbt in die Platte von außen nach innen eine Rille. Die elektrischen Signale vom Tonband lassen diese Nadel hin und her schwingen, so daß sie eine feine Wellenlinie schneidet. Das ist nun die genaue Aufzeichnung der Tonschwingungen. Nach dieser Platte, der sogenannten Matrize, stellt man Metallformen her. Mit ihnen werden die Schallplatten gepreßt, die du im Laden kaufen kannst.

Ein **Plattenspieler** ist ganz einfach zu bedienen. Du legst eine Platte auf den Plattenteller, schaltest das Gerät ein und setzt den Tonarm am Rand der Platte auf.
Der Plattenteller dreht sich gleichmäßig mit einer bestimmten Geschwindigkeit — genauso schnell wie der Plattenteller der Schneidemaschine, als die Matrize hergestellt wurde. Die Nadel am Ende des Tonarms gleitet in der gewellten Rille und schwingt deshalb hin und her. Diese Schwingungen erzeugen im Tonabnehmer schwache Stromschwankungen. Sie werden durch Röhren oder Transistoren verstärkt und zum Lautsprecher geleitet. Dieser funktioniert genauso wie der Lautsprecher des Radios (Seite 75). Mit Hilfe eines Elektromagnets verwandelt er die elektrischen Signale in Schallwellen, die du hören kannst.
Der erste »Plattenspieler« wurde 1877 von Thomas Edison erfunden. Anstelle einer Platte benützte Edison eine dicke Walze, die von Hand gedreht wurde. Verglichen mit den heutigen Möglichkeiten war die Tonqualität jedoch schlecht.

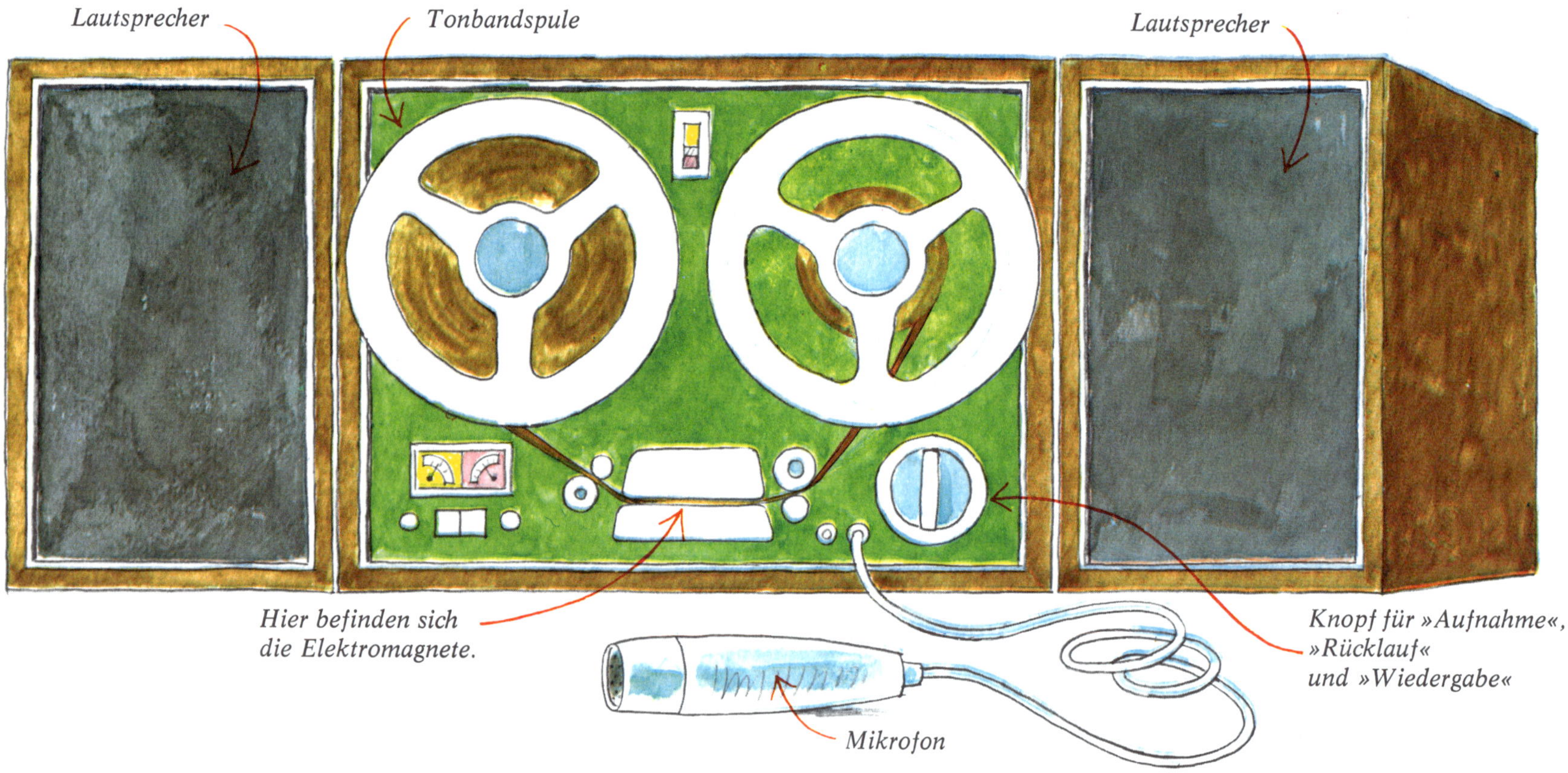

Beim **Tonbandgerät** werden die elektrischen Tonsignale auf einem dünnen Kunststoffband festgehalten. Das Band trägt eine dünne Schicht aus winzigen Eisenoxydteilchen. Wenn man eine Aufnahme macht, werden sie durch Magnetismus in einer bestimmten Weise angeordnet. Dadurch entsteht auf dem Tonband ein magnetisches Muster, das den Tonschwingungen entspricht. Dazu werden zwei Elektromagnete verwendet. Während das Band am ersten Elektromagnet — dem sogenannten Löschkopf — vorbeiläuft, wird die bisherige Anordnung der Eisenoxydteilchen zerstört. War vorher eine Aufnahme auf dem Band, so wird sie dadurch gelöscht. Dann läuft das Band weiter zum zweiten Magnet — dem Tonkopf —, mit dem der neue Ton aufgenommen wird. Die Stromschwankungen, die im Mikrofon beim Sprechen oder durch Musik entstehen, werden zu diesem Elektromagnet geleitet. Je nach der Stärke des Stroms magnetisiert er die Eisenoxydteilchen stärker oder schwächer, während das Band vorbeizieht. Der Ton ist nun magnetisch aufgezeichnet.

Wenn du eine Aufnahme abhörst, wird der Löschkopf ausgeschaltet und der Tonkopf für die Wiedergabe verwendet. Das Band läuft an ihm vorbei, und der wechselnde Magnetismus der Eisenoxydteilchen erzeugt im Tonkopf Stromschwankungen. Diese Schwankungen werden über einen Verstärker zum Lautsprecher geleitet.

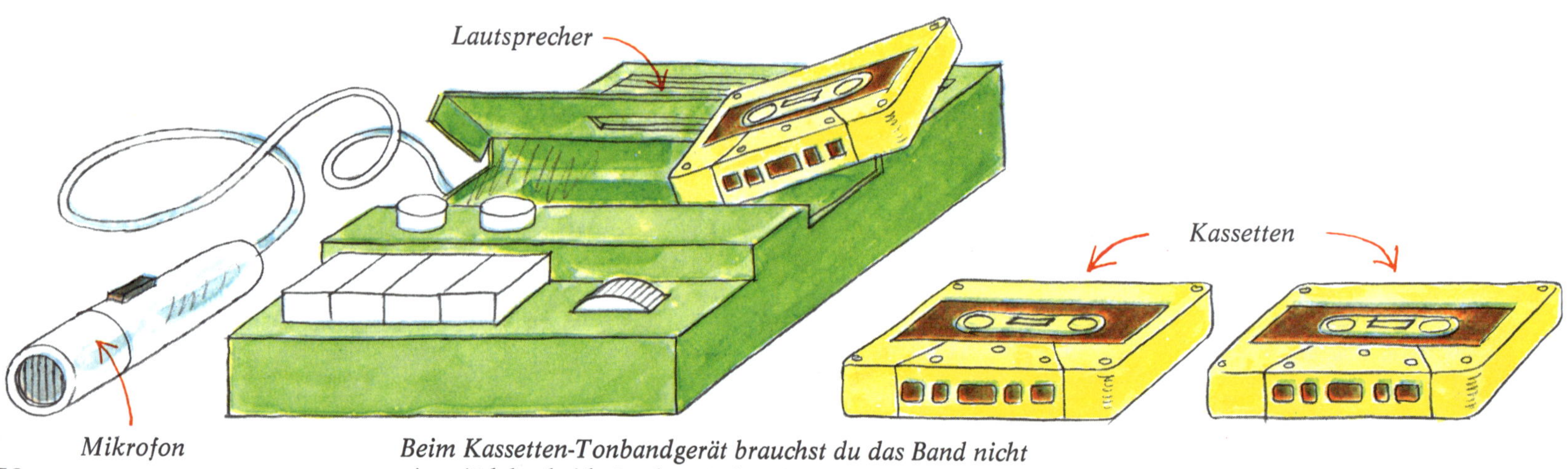

Beim Kassetten-Tonbandgerät brauchst du das Band nicht einzufädeln; beide Spulen sind in der Kassette.

Rundfunkreporter benützen tragbare Tonbandgeräte, um Interviews und politische Reden aufzunehmen.

Eine große Hilfe beim Sprachenlernen . . . du sprichst aufs Band und hörst deine eigene Stimme ab.

Babys erste Worte . . . Du würdest sicher gern hören, wie das bei dir klang!

Natürlich auch für Spione äußerst wichtig . . . um diplomatische Geheimnisse aufzunehmen.

Früher stellte man Spiegel aus poliertem Metall her. Bei Ausgrabungen in Ägypten fand man goldene Spiegel.

Das Licht dringt durch die Glasscheibe hindurch und wird von der Silberschicht reflektiert.

Was im Spiegel wie dein rechtes Ohr aussieht, ist in Wirklichkeit dein linkes. Die Schrift siehst du als »Spiegelschrift«.

Ein **Spiegel** hat eine glatte Oberfläche, die Licht zurückwirft oder, wie man sagt, reflektiert. Ein Spiegel kann aus Glas, Metall oder jedem anderen Material bestehen. Es muß nur glatt genug und glänzend sein. Heute verwendet man meistens Glasspiegel, die auf der Rückseite dünn mit Silber beschichtet sind. Diese Silberschicht reflektiert das Licht. Das Glas gibt dem Spiegel seine Festigkeit und schützt das Silber. Zum Schutz der Rückseite wird ein dunkler Lack aufgestrichen.

Wenn du vor dem Spiegel stehst, so fallen Lichtstrahlen von deiner Gestalt auf den Spiegel und werden dort reflektiert. So siehst du dich selbst im Spiegel. Beim reflektierten Bild sind jedoch rechts und links immer vertauscht. Wenn du vom Spiegel zurücktrittst, so entfernt sich auch dein Spiegelbild — als ob es hinter den Spiegel träte. Das liegt daran, daß die Lichtstrahlen die doppelte Entfernung zurücklegen müssen, bevor sie wieder bei dir ankommen — zuerst bis zum Spiegel und dann wieder zu dir zurück.

Fällt ein Lichtstrahl schräg auf einen Spiegel, so wird er auch wieder schräg in seine neue Richtung zurückgeworfen — wie ein Tennisball, den man schräg gegen eine Wand rollt. Man kann mit Hilfe von Spiegeln Licht genau in eine gewünschte Richtung ablenken. So ist es auch möglich, um die Ecke zu sehen, zum Beispiel mit einem Periskop (Seite 25).

Diese Spiegelkrümmung macht aus dir einen dicken Zwerg.

Gekrümmte Spiegel, wie man sie manchmal auf dem Rummelplatz findet, verändern dein Aussehen, weil sie das Licht in andere Richtungen reflektieren als ein gerader Spiegel.

Dieser Spiegel verwandelt dich in einen dünnen Riesen

So sieht ein Kaleidoskop innen aus.

Schaust du in ein **Kaleidoskop,** so siehst du ein kreisrundes, buntes Muster. In Wirklichkeit hast du jedoch nur einen keilförmigen Ausschnitt — wie ein breites Kuchenstück — vor Augen. Das Kreismuster entsteht durch Spiegelung an zwei Spiegeln, die wie ein »V« in der Röhre befestigt sind. Am Ende des Kaleidoskops liegen durchsichtige, bunte Teilchen zwischen zwei Glasscheiben. Das Muster dieser Teilchen wird von den beiden Spiegeln reflektiert, so daß sich daraus ein ganzer Kreis zusammensetzt.

Dreh das Kaleidoskop! Weil dabei die bunten Teilchen neu durcheinander fallen, wechselt ständig das Muster.

Linsen werden dort verwendet, wo man vergrößerte oder verkleinerte Abbildungen von Gegenständen erhalten möchte. Linsen sind durchsichtige, gekrümmte Scheiben, die meistens aus Glas hergestellt werden. Kommen Lichtstrahlen durch eine Linse, so werden sie je nach der Krümmung der Linse in bestimmte Richtungen abgelenkt.
Eine Vergrößerungslinse lenkt die Lichtstrahlen auseinandergefächert zum Auge. Der Gegenstand, den du betrachtest, erscheint nun größer, und du kannst mehr Einzelheiten erkennen. Durch Verkleinerungslinsen gelangen die Lichtstrahlen enger gebündelt zum Auge. Linsen werden zum Beispiel in Brillen, Mikroskopen, Fotoapparaten und Projektoren verwendet.

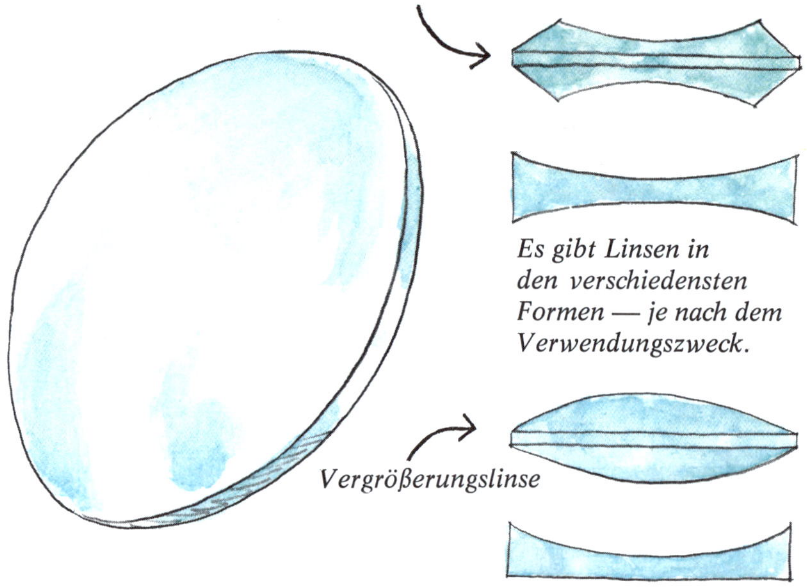

Es gibt Linsen in den verschiedensten Formen — je nach dem Verwendungszweck.

Linse als Vergrößerungsglas

Linsen im Mikroskop

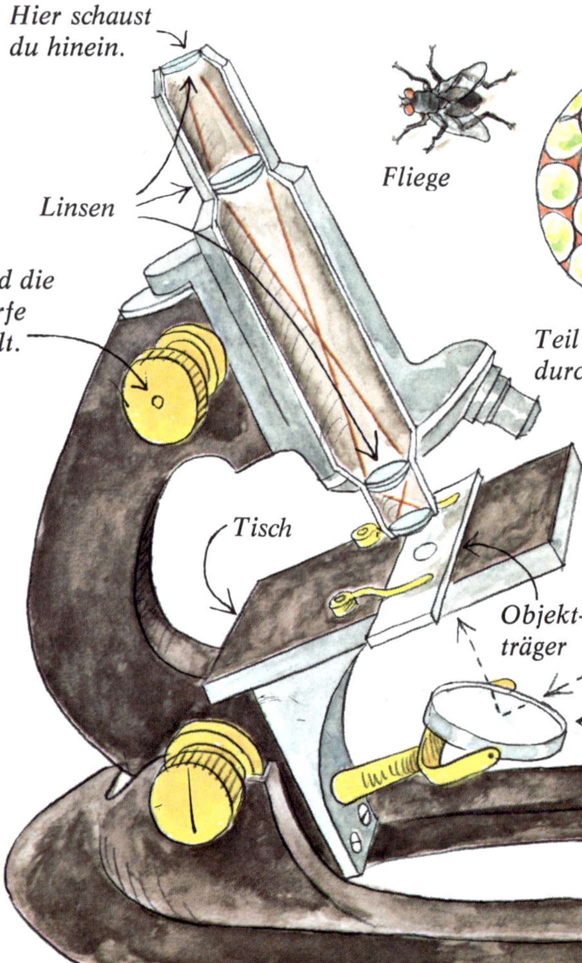

Teil eines Fliegenauges, durchs Mikroskop gesehen.

Mit dem **Mikroskop** kannst du Gegenstände genau betrachten, die so klein sind, daß sie mit dem bloßen Auge und mit einem Vergrößerungsglas nicht mehr erkennbar sind. Im Innern des Mikroskops liegen mehrere Vergrößerungslinsen hintereinander. Das Bild des Gegenstandes, den du betrachtest, wird von Linse zu Linse immer mehr vergrößert.
Einen Gegenstand oder, wie man sagt, ein Objekt, das du im Mikroskop betrachten willst, mußt du auf einem Glasstreifen (Objektträger) befestigen. Das Objekt muß so dünn sein, daß Licht durchscheinen kann, weil man es meistens von unten her durch ein Loch im Tisch des Mikroskops beleuchtet. Du befestigst dein Objekt also genau über diesem Loch. Ein Spiegel unter dem Tisch sammelt und reflektiert das Licht, so daß es durch den betrachteten Gegenstand und die Linsen hindurch zu deinem Auge dringt. Du siehst ein stark vergrößertes Bild, in dem winzige Einzelheiten erkennbar sind.
Bei vielen Mikroskopen sind am unteren Ende mehrere verschieden stark vergrößernde Linsen an einer Drehscheibe befestigt. So kann man jeweils die beste Vergrößerung wählen.

* Die Strecke, die das Licht in einem Jahr zurücklegt — fast 9 500 000 000 000 (9½ Billionen) Kilometer.

Auch im **Fernrohr** sind eine Reihe von Linsen hintereinander angebracht. Fernrohre vergrößern das Bild von Gegenständen, die sehr weit entfernt sind und deshalb für das Auge klein erscheinen. Große Fernrohre, wie das auf unserem Bild, machen es den Astronomen möglich, weit entfernte Sterne genau zu sehen.

Vor über 300 Jahren baute der Italiener Galileo Galilei eines der ersten Fernrohre; es sah so aus.

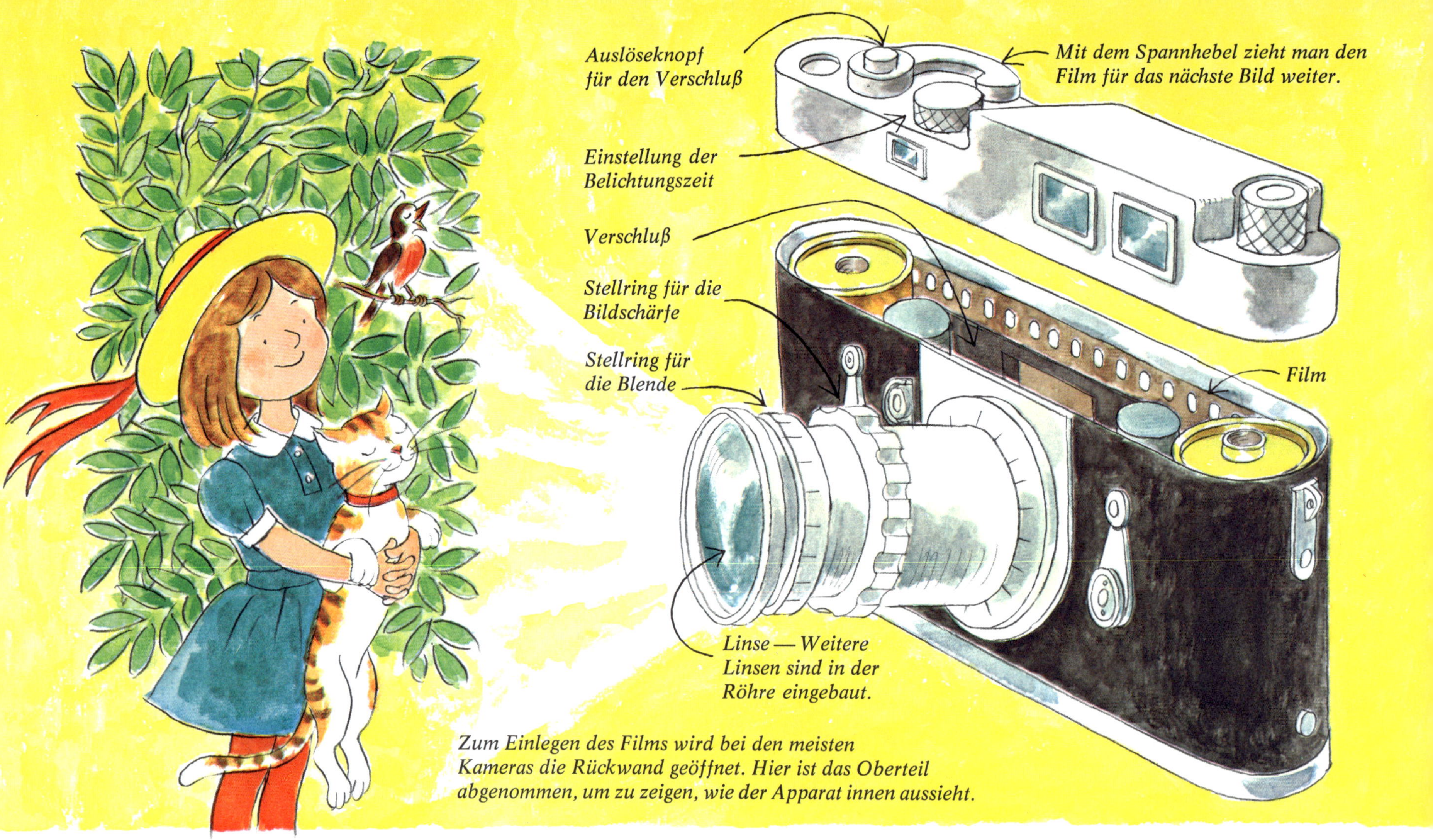

Zum Einlegen des Films wird bei den meisten Kameras die Rückwand geöffnet. Hier ist das Oberteil abgenommen, um zu zeigen, wie der Apparat innen aussieht.

Im **Fotoapparat** wird durch die Einwirkung des Lichts auf einen Film ein Bild festgehalten. Die Lichtstrahlen, die von dem Gegenstand ausgehen, den man fotografieren will, werden durch die Linsen des Fotoapparates gebündelt. Auf dem Film entsteht so eine verkleinerte Abbildung. Den Abstand der Linsen vom Film stellt man so ein, daß ein scharfes Bild entsteht. Da weder zuviel noch zuwenig Licht auf den Film kommen darf, liegt zwischen den Linsen die sogenannte Blende — eine verstellbare Öffnung. Durch sie kann man mehr oder weniger Licht eindringen lassen.

Bei vielen Kameras ist der Film wie durch einen kleinen Rolladen vom Licht abgeschlossen. Bei der Aufnahme öffnet sich der Verschluß, indem dieser Rolladen seitlich weggezogen wird. Je länger er geöffnet bleibt, desto mehr Licht gelangt auf den Film. Die Belichtungszeit, das heißt wie lange der Verschluß offen sein soll, kannst du einstellen. Andere Kameras haben einen Verschluß, der zwischen den Linsen eingebaut ist. Er besteht aus fünf sternförmig übereinandergeschobenen Metallplättchen, die sich auseinander spreizen und dann wieder schließen.

Früher mußte man für ein Bild minutenlang stillhalten.

Heute genügt für einen Schnappschuß eine tausendstel Sekunde.

Schwarzweißbilder entstehen, indem lichtempfindliches Papier durch das Film-Negativ hindurch belichtet und dann entwickelt wird.

Dias sind durchsichtig wie Negative, aber sie sind farbrichtig (positiv). Zum Betrachten muß Licht durchscheinen.

Farbbilder entstehen aus Farbnegativen. Die Farbfilmbeschichtung spricht auf die Grundfarben des Lichts an.

Film ist mit Stoffen beschichtet, die sich chemisch verändern, wenn Licht darauf fällt. Beim Entwickeln entsteht, je nach der Art des Films, ein negatives oder positives Bild — ein »Negativ« oder ein »Dia«.

Mit einem **Diaprojektor** kannst du Dias auf einer Leinwand vorführen. Ein helles Lichtbündel geht durch das Dia hindurch und wird dabei verändert: Dunkle Stellen dämpfen das Licht, blaue Stellen färben es blau und rote natürlich rot. So zeichnen die Lichtstrahlen alle Einzelheiten des Dias auf der Leinwand nach, und zwar vergrößert, weil sie von den Linsen des Objektivs auseinandergefächert werden. Um das Bild scharf einzustellen, läßt sich das Objektiv mit einem Drehknopf vor- und zurückschieben. Im Projektor sitzt eine sehr starke Glühlampe, hinter der ein Spiegel befestigt ist. Dieser wirft alles Licht nach vorne. Große Linsen vor der Lampe — sogenannte Kondensorlinsen — sammeln das Licht. Sie sorgen dafür, daß das Dia gleichmäßig ausgeleuchtet wird. Die Glühlampe wird so heiß, daß dadurch Dias beschädigt werden könnten. Deshalb ist zwischen den Kondensorlinsen eine dicke Glasscheibe eingebaut, die einen großen Teil der Hitze auffängt. Außerdem bläst ein kleiner Ventilator kühle Luft auf das Dia.

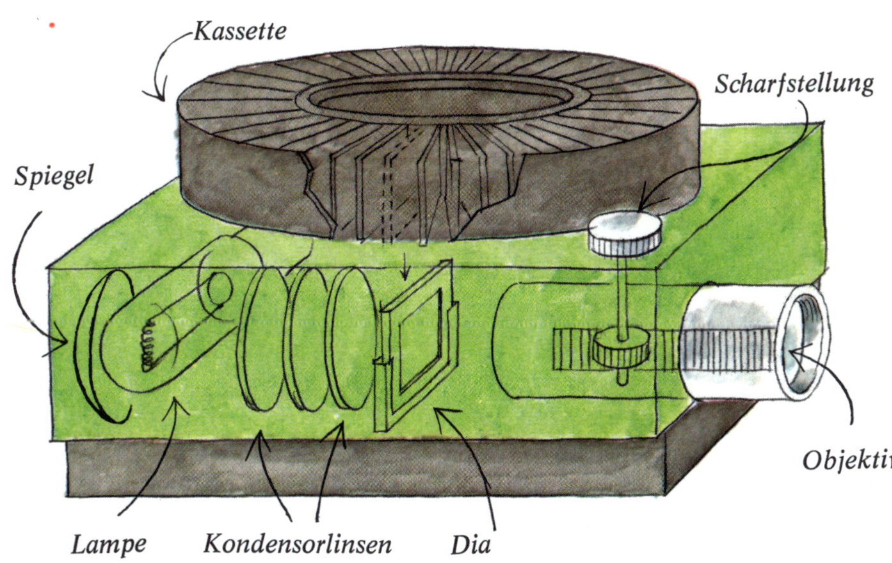

Eine **Filmkamera** nimmt, wie ein Fotoapparat, nacheinander kleine Bilder auf ein schmales Filmband auf — jedoch mehr als 16 in einer Sekunde. Beim Filmen eines bewegten Gegenstandes wird so jeder Abschnitt der Bewegung auf einem Bild festgehalten. Filmkameras arbeiten mit zwei Spulen. Auf der einen befindet sich der unbelichtete Film, der von dort am Objektiv vorbei zur zweiten Spule läuft, wo der belichtete Film aufgerollt wird. Bei neueren Kameras verwendet man Kassetten, die man nur einzulegen braucht.

Wenn du auf den Auslöser drückst, beginnt ein kleiner Motor zwei Zahnräder zu drehen. Ihre Zähne greifen in Löcher am Filmrand ein und transportieren den Film weiter. Eine Andruckplatte sorgt dafür, daß der Film straff hinter dem Objektiv liegt. Sobald ein Bild belichtet ist, hakt sich ein kleiner Greifer in eines der Löcher und zieht den Film mit einem Ruck um eine Bildbreite weiter. Das nächste Bild kann nun belichtet werden. Damit der Film beim ruckartigen Transport nicht zerreißt, läuft er auf beiden Seiten der Andruckplatte in einer Schleife.

Man erhält nur dann scharfe Bilder, wenn während des Transports kein Licht auf den Film fällt. Dies wird durch eine Metallscheibe erreicht, die sich zwischen dem Objektiv und dem Film dreht. Während der Aufnahme dreht sich eine Öffnung in der Metallscheibe vor dem Film vorbei und läßt für kurze Zeit Licht hindurch. Dann verschwindet die Öffnung, und die Scheibe deckt den Film wieder gegen das Licht ab. In diesem Augenblick wird der Film vom Greifer weitergezogen. Ein solcher Verschluß heißt Umlaufblende.

Filmaufnahme eines Lächelns . . . du siehst, wie das Gesicht immer fröhlicher wird.

Ein **Filmprojektor** arbeitet ähnlich wie ein Diaprojektor; er zeigt aber mehr als 16 Bilder in der Sekunde. Bei dieser raschen Folge kannst du die Bilder nicht mehr einzeln erkennen. Sie mischen sich zu einem bewegten Bild. Der Film wird wie die Dias beleuchtet: Auch hier gibt es eine starke Lampe, einen Spiegel, Kondensorlinsen und einen Ventilator. Im Projektor wird der Film genauso transportiert wie in der Filmkamera. Ein Zahnrad rollt ihn von der ersten Spule ab, der Greifer zieht ihn am Objektiv vorbei, und ein zweites Zahnrad befördert ihn zur zweiten Spule.

Während des Transports von einem Bild zum nächsten darf der Film nicht beleuchtet werden, weil sonst ein unscharfes und flimmerndes Bild auf der Leinwand entstehen würde. Deshalb ist auch im Filmprojektor eine Umlaufblende eingebaut.

Bei Tonfilmen trägt der Filmstreifen neben den Bildern eine Tonaufzeichnung. Eine Möglichkeit, den Film mit Ton zu unterlegen, kennst du bereits vom Tonband her. Ein Streifen am Rand des Films ist mit Eisenoxyd beschichtet. Während der Aufnahme werden hier gleichzeitig neben den Bildern die Geräusche aufgezeichnet. Nachträglich kann man noch weitere Geräusche und Musik auf dieser Tonspur aufnehmen. Ein Tonkopf im Projektor verwandelt die magnetische Tonaufzeichnung auf die gleiche Weise in elektrische Signale wie beim Tonbandgerät.

Die Tonspur liegt direkt neben den Bildern. Sie entspricht einer Tonbandaufnahme.

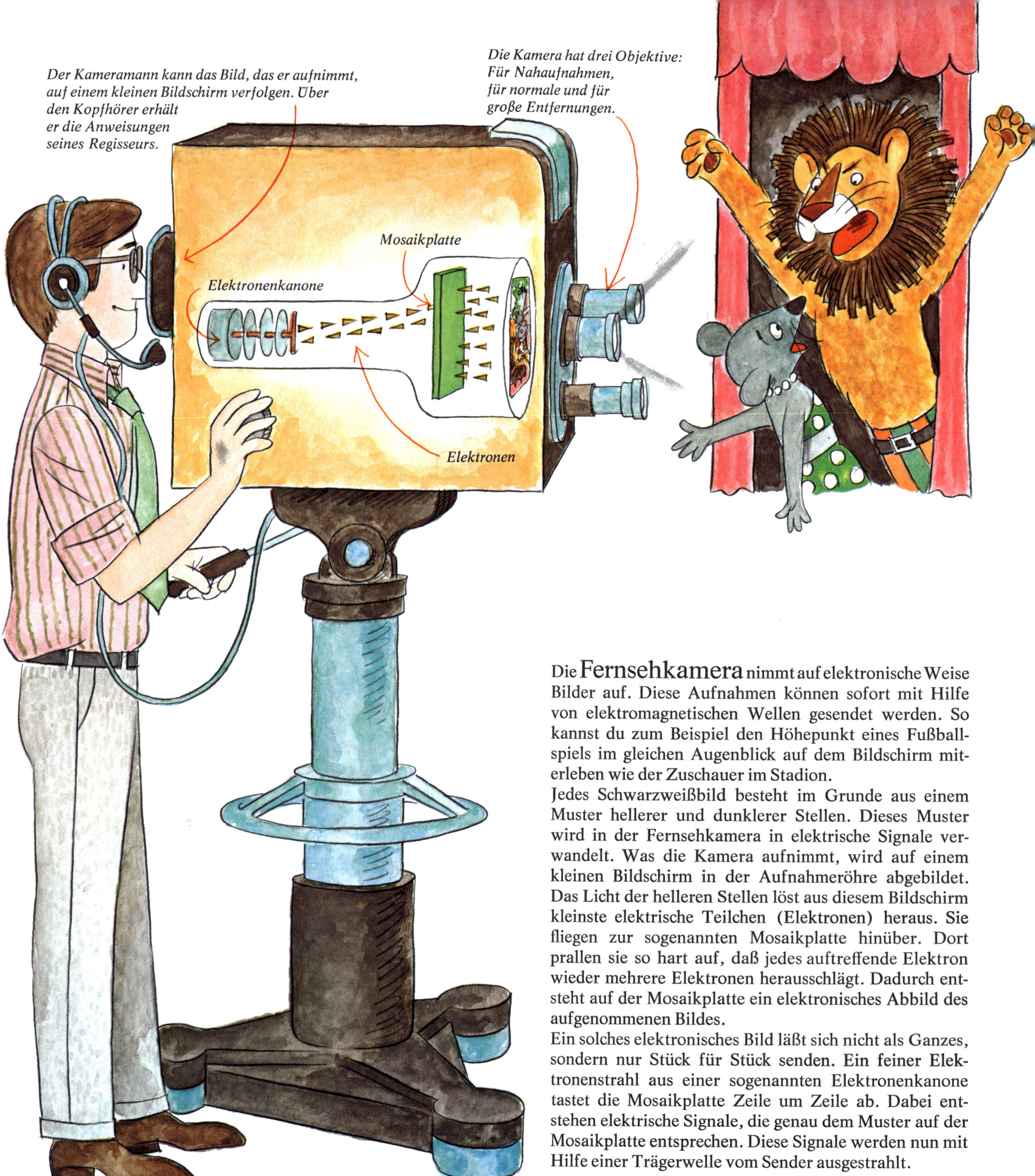

Die **Fernsehkamera** nimmt auf elektronische Weise Bilder auf. Diese Aufnahmen können sofort mit Hilfe von elektromagnetischen Wellen gesendet werden. So kannst du zum Beispiel den Höhepunkt eines Fußballspiels im gleichen Augenblick auf dem Bildschirm miterleben wie der Zuschauer im Stadion.

Jedes Schwarzweißbild besteht im Grunde aus einem Muster hellerer und dunklerer Stellen. Dieses Muster wird in der Fernsehkamera in elektrische Signale verwandelt. Was die Kamera aufnimmt, wird auf einem kleinen Bildschirm in der Aufnahmeröhre abgebildet. Das Licht der helleren Stellen löst aus diesem Bildschirm kleinste elektrische Teilchen (Elektronen) heraus. Sie fliegen zur sogenannten Mosaikplatte hinüber. Dort prallen sie so hart auf, daß jedes auftreffende Elektron wieder mehrere Elektronen herausschlägt. Dadurch entsteht auf der Mosaikplatte ein elektronisches Abbild des aufgenommenen Bildes.

Ein solches elektronisches Bild läßt sich nicht als Ganzes, sondern nur Stück für Stück senden. Ein feiner Elektronenstrahl aus einer sogenannten Elektronenkanone tastet die Mosaikplatte Zeile um Zeile ab. Dabei entstehen elektrische Signale, die genau dem Muster auf der Mosaikplatte entsprechen. Diese Signale werden nun mit Hilfe einer Trägerwelle vom Sender ausgestrahlt.

Im **Fernsehapparat** werden die vom Sender ausgestrahlten elektrischen Signale wieder in Töne und Bilder zurückverwandelt. Die Antenne nimmt die elektromagnetischen Wellen auf. Mit den Programmtasten stellst du den Fernsehapparat auf das Programm ein, das du sehen möchtest. Die elektrischen Bildsignale werden von der Trägerwelle getrennt und der Elektronenkanone in der Bildröhre zugeleitet.
Die Elektronenkanone schießt einen feinen Elektronenstrahl, dessen Stärke sich nach den empfangenen Bildsignalen richtet, auf den Bildschirm. Dort zeichnet er das gesendete Bild nach. Der Bildschirm ist mit einem Leuchtstoff beschichtet, der beim Auftreffen der Elektronen kurz aufleuchtet. Der Elektronenstrahl setzt das Bild Zeile um Zeile blitzschnell zusammen — so schnell, daß in einer Sekunde 25 vollständige Bilder gezeigt werden. Durch diese rasche Folge entsteht wie beim Film der Eindruck eines bewegten Bildes. Wenn du den Bildschirm ganz aus der Nähe betrachtest, kannst du die einzelnen Zeilen erkennen.
Diese Vorgänge sind sehr schwer zu verstehen, und sie sind auch wirklich kompliziert. Vielleicht hilft der folgende Vergleich: Nimm an, du hättest einen Pullover mit einem Muster aus schwarzweiß gesprenkelter Wolle. Wenn du diesen Pullover einem Freund geben wolltest, der auf der anderen Seite einer geschlossenen Tür steht, so bleibt als einziger Weg das Schlüsselloch. Als Ganzes geht der Pullover natürlich nicht hindurch. Du kannst aber den Anfang der Wolle herauslösen und durch das Schlüsselloch stecken. Nun ziehst du den Pullover Reihe um Reihe auf, und dein Freund strickt im anderen Zimmer den Pullover wieder neu. Strickt er die Reihen genauso, wie sie ursprünglich gestrickt waren, so entsteht der gleiche Pullover mit demselben Muster. Dieses Auflösen und wieder Zusammensetzen übernehmen beim Fernsehen die Elektronenkanonen.

Mit Hilfe von **Radar** kann man feststellen, wo und in welcher Entfernung sich zum Beispiel ein Flugzeug befindet, selbst wenn man es nicht sehen kann. Eine Radarantenne sendet einen gebündelten Strahl von elektromagnetischen Wellen aus. Dabei dreht sie sich langsam im Kreise. Die Wellen setzen sich gradlinig fort. Wenn sie auf ein Flugzeug treffen, werden sie von ihm zur Radarstation zurückgeworfen. Das kannst du mit dem Echo vergleichen, das von einer Felswand zurückgeworfen wird. Die Radarantenne empfängt das reflektierte Signal. Es wird zu einem Anzeigegerät geleitet und erscheint dort auf einem runden Bildschirm als heller Fleck. Auf dem Schirm ist eine Skala eingezeichnet, die Entfernungen angibt. Die Radarstation erscheint als Mittelpunkt des Bildschirms. Wie weit das Flugzeug von der Station entfert ist, liest man von der Skala ab. Gleichzeitig kann man erkennen, in welcher Himmelsrichtung es sich befindet.

Dieser Taifun wurde von einem Wettersatellit aus einer Höhe von 680 Kilometer fotografiert.

Satelliten werden von Raketen in den Weltraum getragen und dann auf eine Umlaufbahn um die Erde gebracht. Ein Satellit bleibt auf dieser Umlaufbahn wie ein Ball, den du an eine Schnur gebunden hast und über deinem Kopf kreisen läßt. Würdest du die Schnur loslassen, so würde der Ball wegfliegen. Durch die Zugkraft der Schnur wird er auf der Kreisbahn festgehalten. Ebenso würde ein Satellit in den Weltraum hinausfliegen, wenn er nicht durch die Schwerkraft — so nennt man die Anziehungskraft der Erde — auf seiner Umlaufbahn festgehalten würde. In einem Wettersatellit sind Fernsehkameras eingebaut, die Bilder der Erde aufnehmen, auf denen man die Wolkenbildung beobachten kann. Diese Bilder werden zur Erde gesendet. Meteorologen können mit Hilfe dieser Bilder genauer als früher ihre Wettervorhersage machen. Satelliten werden aber auch benützt, um Radio- und Fernsehsendungen oder Telefongespräche zu übermitteln.

Zukunftsfantasie. Wie sehen wohl technische Geräte aus, die wir in der Zukunft benützen werden? Welche großen Erfindungen werden in naher oder ferner Zeit gemacht? Lassen wir unsere Fantasie spielen:

Vielleicht fahren wir einmal mit Spezialzügen in wenigen Stunden quer durch Deutschland. Oder wir reisen mit Autos, die man nicht mehr selbst zu steuern braucht. Man setzt sich nur hinein, wählt das Fahrtziel, und alles andere geschieht automatisch. Vielleicht wohnen wir in riesigen Häuserblocks, in denen neben Wohnungen auch Geschäfte, Ärzte und Schulen untergebracht sind. Du fährst dann mit dem Fahrstuhl zur Schule oder zum Einkaufen.

In den Wohnungen ist in jedem Zimmer ein Fernsehapparat eingebaut, mit dem du den ganzen Tag mehrere Programme empfangen kannst. Ein Buch wie dieses brauchst du dann nicht mehr zu lesen. Du legst nur ein Fernsehband ein, und alles flimmert über den Bildschirm. Das Essen kommt aus kleinen Tuben oder in Tablettenform auf den Tisch — so wie bei den Astronauten auf ihren Mondflügen.

Du säßest also den ganzen Tag herum und brauchtest kaum noch etwas zu tun, da alles von der Technik übernommen würde. In der ersten Zeit hättest du sicher deinen Spaß daran, aber dann würdest du anfangen, dich schrecklich zu langweilen. Auch deine Eltern hätten nichts zu tun. Dein Vater müßte vielleicht nur einmal in der Woche arbeiten, und deiner Mutter würden Maschinen die Hausarbeit abnehmen. Man müßte dann alles mögliche erfinden, um die Menschen wieder zu beschäftigen. Wäre dies eine Zukunft, wie du sie dir wünschen würdest? Überlege dir einmal, wie du später leben möchtest. Vielleicht denkst du gleichzeitig daran, daß die Technik, die wir wie selbstverständlich benützen, für die meisten Menschen auf dieser Erde noch gar nicht selbstverständlich ist!

Blase einen Ballon auf ...

laß ihn fliegen ...

und er wird vorangetrieben wie ein Düsenflugzeug. *(Siehe Seite 28)*

Nimm einen schweren Kochtopf mit ins Wasser. Er sinkt nicht unter, sondern schwimmt wie ein Schiff! Wie ist das möglich? *(Siehe Seite 22)*

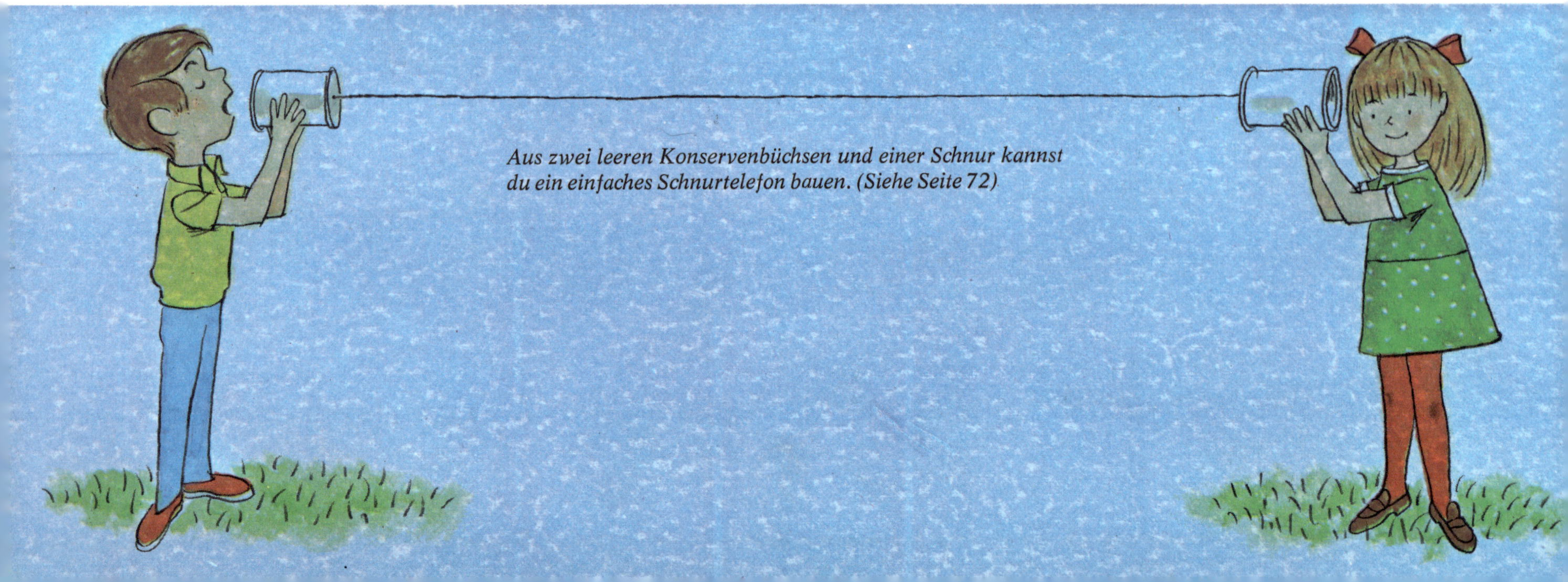

Aus zwei leeren Konservenbüchsen und einer Schnur kannst du ein einfaches Schnurtelefon bauen. *(Siehe Seite 72)*